职业技能培训教材

无人机摄影与摄像技术

宋建堂　刘昭琴　刘星　吴疆全　主编

中国劳动社会保障出版社

图书在版编目（CIP）数据

无人机摄影与摄像技术 / 宋建堂等主编. -- 北京：中国劳动社会保障出版社，2023

职业技能培训教材

ISBN 978-7-5167-5964-6

Ⅰ. ①无…　Ⅱ. ①宋…　Ⅲ. ①无人驾驶飞机 – 航空摄影 – 职业培训 – 教材　Ⅳ. ①TB869

中国国家版本馆 CIP 数据核字（2023）第 115989 号

中国劳动社会保障出版社出版发行

（北京市惠新东街 1 号　邮政编码：100029）

*

北京宏伟双华印刷有限公司印刷装订　　新华书店经销

787 毫米 ×1092 毫米　16 开本　12.5 印张　171 千字

2023 年 7 月第 1 版　　2023 年 7 月第 1 次印刷

定价：48.00 元

营销中心电话：400-606-6496

出版社网址：http://www.class.com.cn

编写人员

主　编：

宋建堂　北京康鹤科技有限责任公司飞鹤研究院院长，高级讲师

刘昭琴　重庆航天职业技术学院航空机电工程学院院长，教授

刘　星　山东水利职业学院副教授

吴疆全　江西省九江市共青技工学校无人机专业教师

副主编：

刘艳菊　河南经济贸易技师学院自动控制系副主任，高级实习指导教师

鹿秀凤　山东理工职业学院副教授

许智辉　河南机电职业学院航空学院副院长，副教授

苏　琦　郑州工业技师学院电气与自动化技术系主任，高级实习指导讲师

张海英　山东枣庄科技职业技术学院高级讲师

参　编：

杨　雄　重庆航天职业技术学院副教授

吴道明　重庆航天职业技术学院航空机电工程学院院长，副教授

卫　嵩　山东技师学院讲师

何先定　成都航空职业技术学院无人机专业学院院长，教授

冯建雨　山东理工职业学院教授

高月辉　天津现代职业学院机电工程学院院长，教授

刘树聃　许昌职业技术学院航空工程学院副院长，教授

王　鑫　河北廊坊职业技术学院院长，教授

王　懿　黄河水利职业技术学院测绘学院副院长，教授

王　蓉　九江职业技术学院院长，教授

赵基雄　甘肃建筑职业技术学院讲师，无人机教员

前　言

无人机摄影与摄像是无人机与数码相机或摄像机的完美结合，从诞生之日起，就被赋予了特殊的记录使命，记录风景、记录时事、记录亲人、记录生活，拍摄美好的事物与大家分享，表达自己对事物的感知和对生活的感情，让生活变得更美好。无论是壮阔的风光还是活泼好动的孩童，无论是激情四射的动态场景还是时尚个性的街头文化，无论是高山流水还是波涛汹涌，无论是速度还是观感，无人机摄影和摄像都会给人带来不一样的体验。

本书将理论与实践巧妙结合，介绍了航拍设备、航拍应用，摄影原理及技巧，航拍构图，航拍飞行技巧、航拍技巧、航摄技巧等，用通俗易懂的语言，深入浅出地讲解航拍航摄爱好者必须掌握的航拍航摄知识。

本书编写过程中参阅及借鉴了大量国内外资料，得到行业诸多专家学者的指导和支持，在此一并表示感谢。

限于编者水平，书中难免存在不完善之处，敬请广大读者批评指正。

编　者

目　录

项目一

无人机航拍概述

学习目标

通过学习掌握无人机的定义和分类，掌握 Mavic 2 航拍设备的基本操作方法，了解使用航拍设备的注意事项，掌握查询限飞区域的方法，了解无人机航拍应用等知识。

任务一　无人机的定义和分类

一、无人机定义

无人机是无人驾驶飞行器（unmanned aerial vehicle，UAV）的简称，是利用无线电遥控设备和自备的程序控制装置操纵的飞行器。

二、无人机分类

无人机可按照飞行平台构型、用途、质量、飞行活动半径、飞行高度和动力样式等分类。

1. 按飞行平台构型分类

无人机可分为：固定翼无人机、旋翼无人机、无人飞艇、伞翼无人机、扑翼无人机等。

2. 按用途分类

无人机可分为：军用无人机和民用无人机。

3. 按质量分类

无人机可分为：微型无人机、轻型无人机、小型无人机、大型无人机。

微型无人机：空机质量小于等于 7 kg 的无人机。

轻型无人机：空机质量大于 7 kg，但小于等于 116 kg 的无人机，且全马力平飞中，校正空速小于 100 km/h，升限小于 3 000 m。

小型无人机：除微型和轻型无人机外，空机质量小于等于 5 700 kg 的无人机。

大型无人机：空机质量大于 5 700 kg 的无人机。

4. 按飞行活动半径分类

无人机可分为：超近程无人机、近程无人机、短程无人机、中程无人机和远程无人机。

超近程无人机：飞行活动半径在 15 km 以内。

近程无人机：飞行活动半径为 15 ~ 50 km。

短程无人机：飞行活动半径为 50 ~ 200 km。

中程无人机：飞行活动半径为 200 ~ 800 km。

远程无人机：飞行活动半径大于 800 km。

5. 按飞行高度分类

无人机可分为：超低空无人机、低空无人机、中空无人机、高空无人机和超高空无人机。

超低空无人机：飞行高度一般为 0 ~ 100 m。

低空无人机：飞行高度一般为 100 ~ 1 000 m。

中空无人机：飞行高度一般为 1 000 ~ 7 000 m。

高空无人机：飞行高度一般为 7 000 ~ 18 000 m。

超高空无人机：飞行高度一般大于 18 000 m。

6. 按动力样式分类

无人机可分为油动无人机和电动无人机。

油动无人机动力主要来源于燃油驱动活塞发动机、燃油驱动涡轮喷气发动机、燃油驱动涡轮轴发动机。

电动无人机动力主要来源于燃料电池、太阳能电池、超级电容器、无线能量传输或其他种类的电池。

任务二　航拍基础知识

航拍是指从空中拍摄地形地貌，获得俯视图的拍摄。航拍设备可以由摄影师控制，也可以自动拍摄或被远程控制。

无人机航拍是指利用无人机从空中拍摄地形地貌，获得俯视图的过程。获得的图片即为航拍图，能够清晰地表现地理形态。

一、航拍图应用

航拍图常应用于测绘、交通建设、水利工程、生态研究、城市规划、体育运动等方面，如图 2–1 所示。

a）交通建设

b）体育运动

图 2-1 航拍图应用示例

二、无人机航拍平台

航拍平台是指搭载航拍设备的各类航空器。航拍常用的平台有航空模型、飞机、直升机、热气球、小型飞船、火箭、风筝、降落伞等。

无人机航拍平台是以无人机为平台，集成了高空拍摄、遥控、遥测、视频影像微波传输和计算机影像信息处理的航拍装备。

大疆御 Mavic Air 2 是较经典的一款消费级航拍设备，其主要特点是拍摄性能更强大，飞行时间更长，图传系统更可靠，支持每秒 60 帧的 4 k 视频、智能拍照、焦点跟随、4 800 万像素照片，是一款功能强大且可靠的航拍助手。下面从功能、结构、组成三个方面对其进行说明。

1. 功能

航拍摄像头像素为 1 200 万像素，可拍摄 JPG 和 RAW 格式照片；支持每秒 30 帧的 4 k 视频和每秒 96 帧的 1 080 p 视频拍摄；三轴增稳云台可使航拍画面告别抖动；航拍相机可翻转 90° 实现竖拍，还可实现最近对焦距离为 0.5 m 的自动对焦。

能自动跟拍，实时感知飞行前方 30 m 的环境情况，可在 15 m 范围内的障碍物前自动刹车悬停或者绕行，还能根据与地面距离自动调节飞行高度。

图传支持最远 7 km 图像回传，配有 2.4G/5G 双频 Wi-Fi 链路，方便用户直接用手机操纵无人机来应对诸如自拍、跟随、机上图片下载等近距离应用场景。

2. 结构

搭载24核处理器、双模式卫星定位系统、感光元件（又称图像传感器）、一体式云台与1 200万像素航拍相机、三轴增稳云台以及智能电池，保障了无人机的稳定性和续航性能。此外，配有飞行器机头指示灯使得夜晚飞行更可靠。

3. 组成

大疆御 Mavic Air 2航拍设备主要由螺旋桨的桨叶、电池、机身、遥控器、内存卡、读卡器、图传线、手机、充电器、储存包、一体式云台相机、视觉系统、红外传感系统等组成。航拍设备组成，如图2-2所示。

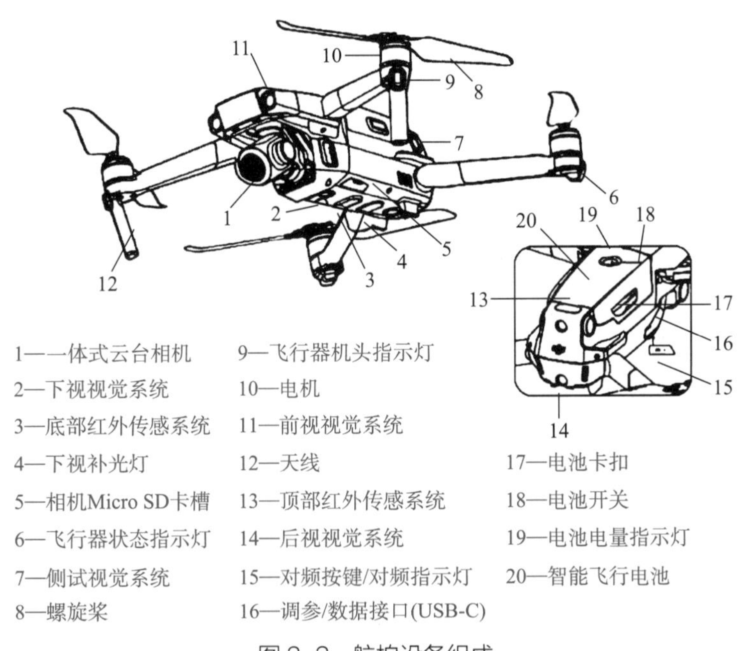

图2-2　航拍设备组成

三、影响航拍的因素

影响航拍的因素主要有拍摄时间、航拍光线、航拍构图、航拍景别、航拍拍摄方向、航拍拍摄角度、航拍画面主次分配、航拍环境等。

1. 拍摄时间

（1）清晨与黄昏（光线偏红，朦胧柔和，有冷暖对比）。

（2）中午（光线强，垂直照射，顶部亮，明暗反差大，投影短）。

（3）上午、下午（清晰明朗，反差适中，色彩真实）。

（4）薄云天（光照柔和，有质感）。

（5）阴雨天（平淡、晦暗，可表现柔和忧郁的气氛）。

（6）晴天阴影（方向性，光影）。

2. 航拍光线

（1）光的强弱（晴、云、雨、雾）。

（2）光的软硬性质（光线强弱）。

（3）光的方向（顺光、前侧光、侧光、侧逆光、逆光）。

（4）光的高度（底光、低位光、中位光、高位光、顶光）。

3. 航拍构图

（1）变化式构图（故意把景物安排在某一边或一角，给人思考和想象的空间）。

（2）对角线构图（巧妙，对应而平衡）。

（3）水平线构图（平静，安宁，稳定）。

（4）对称式构图（平衡，稳定，对应）。

（5）曲线构图（延长，变化，韵律感）。

4. 航拍景别

（1）远景（画面视野宽阔，表现整体气势和总体氛围）。

（2）全景（表现全貌和大环境）。

（3）中景（只包含拍摄对象或某一局部范围，表现情节和动作）。

（4）近景（表现人物或物体的局部，交代细节和特征）。

（5）特写（表现力强，表现拍摄对象的重点细节）。

5. 航拍拍摄方向

（1）正面拍摄（构图结构和谐对称）。

（2）侧面拍摄（轮廓分明，空间感明显）。

（3）背面拍摄（神秘，深沉）。

6. 航拍拍摄角度

（1）高角度拍摄（俯拍，表现景物的空间环境）。

（2）平角度拍摄（亲切，自然）。

（3）低角度拍摄（仰拍，夸张的视觉现象，突出人物，体现崇高敬畏的视觉效果）。

7. 航拍画面主次分配

（1）主体（表达主题思想和事物本质形象，体现内容的中心，是构图的中心）。

（2）陪体（烘托主体，起陪衬、美化和补充作用）。

8. 航拍环境

（1）前景（画面主体最前方位置）。

（2）背景（说明主体周围环境，营造画面纵深层次和情绪氛围）。

任务三　航拍设备基本操作

这里主要介绍大疆御 Mavic Air 2（简称 Mavic 2）设备的基本操作方法。使用前应仔细阅读使用说明书，通常需下载配套软件，然后按照步骤进行操作。

一、设置飞行参数

连接手机，检查各项参数是否正常，如 GPS 信号及 IMU（inertial measurement unit，惯性测量装置）等。

二、遥控器设置

控制 Mavic 2 航拍无人机可以使用市面上常见的遥控器，也可以使用配套的专用图传遥控器。

常见的遥控器，根据使用习惯有“美国手”和“日本手”之分，如图 3-1 所示。日本手、美国手为油门杆设置操纵方式，美国手类似于常用右手，日本手可以理解为“左撇子”。

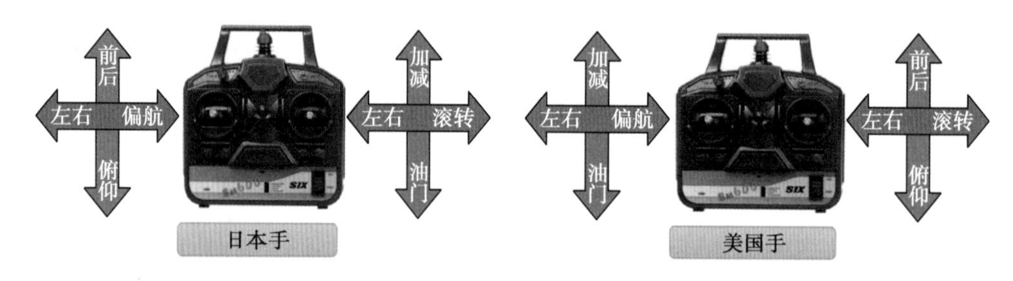

图 3-1　遥控器设置

1. FUTABA 14SG 2.4GHz FASST 系列遥控器

FUTABA 14SG 2.4GHz FASST 系列遥控器适用于大部分的 DIY 机型和专业航拍机，图 3-2 所示为 FUTABA T14SG 遥控器。Mavic 2 飞控内置 16 通道 DR16 接收机，可以直接与 FUTABA FASST 系列遥控器搭配使用。要实现航拍功能时需外接图传系统和显示器，或使用手机、平板电脑作为显示器。

2. 专用图传遥控器

为方便用户使用，Mavic 2 航拍无人机随机配备专用图传遥控器。该专用图传遥控器将“遥控”和“图传”功能集成在一起，使用数据线连接手机或平板电脑作为显示器即可实现航拍控制。

专用图传遥控器一般采用专用的数字图传技术，清晰度高于模拟图传，不易出现同频干扰导致视频信号丢失的情况。一般无法通过更换接收机来使用其他品牌的遥控器，其控制方式与普通遥控器一致。专用图传遥控器如图 3–3 所示。

图 3–2　FUTABA T14SG 遥控器

图 3–3　专用图传遥控器

3. 专业航拍无人机遥控器

专业航拍无人机一般同时配备主、从两个遥控器，主遥控器由操控人员（无人机驾驶员，又称飞手）进行操控，从遥控器由航拍摄影师（又称云台手）进行操控，也称双控。飞手根据云台手对拍摄画面的要求操控无人机的飞行动作，云台手操控云台相机进行构图和拍摄。使用双控时，云台要调整为自由模式（非方向锁定模式），这时飞行器的横滚和转向动作不影响云台的姿态，通过机器的左摇杆控制云台的俯仰，右摇杆控制云台的偏转。

三、设置光圈和感光度

在航拍取景时，要根据拍摄环境和拍摄对象设置光圈和感光度（指相机对光线的敏感程度，通常标注为 ISO）。

在光圈固定的时候，ISO 越低，快门就要越慢；ISO 越高，快门就要越快。

在快门固定的时候，ISO 越低，光圈就要越大；ISO 越高，光圈就要越小。

任务四　使用航拍设备注意事项

一、不能进行航拍作业的条件

在天气条件良好的情况下进行飞行，是保障无人机飞行安全的基础。

严禁在大风、大雪、大雨、雷电、大雾五种天气条件下进行航拍作业。

大风是指五级以上的风，这种条件下无人机很容易被刮走，会消耗更多的电量，大大降低飞行的稳定性，拍摄的画面也会比较模糊，画面质量达不到要求。

大雪会影响无人机的一些组件功能，降低飞行效率，使电池的续航能力下降，有时会直接导致坠机。

大雨会增加无人机机身和螺旋桨的阻力，造成伤害。

雷电对航拍无人机的影响很大，雷电天气条件下飞行，无人机容易被雷劈，直接炸机。

大雾天气条件下能见度较低，拍出来的照片不清晰，画面质量不达标。大雾环境成片如图 4–1 所示。

二、GPS 信号强弱的判断

GPS 即全球定位系统，主要用于提供实时、全天候和全球性的导航服务，能为全球用户提供低成本、高精度的三维位置、速度和精确定时等导航信息。良好的 GPS 无线通信信号是无人机安全飞行的基础。

图 4-1　大雾环境成片

在 DJI GO4 App（大疆 GO4 的 App 控制界面）的飞行控制界面顶端，会显示 GPS 信号的强弱状态。GPS 信号显示共有 5 格，4 格以上即表示 GPS 信号很强，可以安全飞行，如果 GPS 信号在 3 格以下，尽量不要起飞。DJI GO4 App 中 GPS 信号强弱状态如图 4–2 所示。

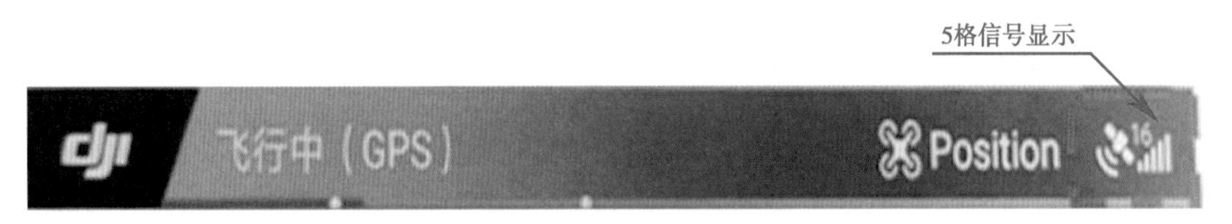

图 4-2　DJI GO4 App 中 GPS 信号强弱状态

三、电池检查

无人机电池检查有以下注意事项。

1. 检查电池是否为标配电池，不能使用非 DJI 电池。

2. 检查电池电量，要保证电池满电。如果不是满电，需要判断剩余电量能否支撑此次的航拍飞行，如不能，则不允许使用。

3. 检查电池外观，无鼓包、漏液、包装破损等情况。

4. 保证电池干燥清洁，不能进水，不在潮湿的环境下使用电池。

5. 保证环境温度适于使用电池，不在极冷（低于 –10 ℃）、极热（高于 40 ℃）条件下使用电池。

6. 保证环境磁场允许使用电池，不在强静电的环境中使用电池。

四、检查航拍无人机

检查航拍无人机时主要检查螺旋桨的桨叶、电机、IMU、遥控器、云台相机、视觉定位系统、机身及电池。

1. 检查螺旋桨的桨叶

桨叶应无弯折、破损、裂痕。

2. 检查电机

电机轴承应无松动、磨损，中间固定的螺钉应无松动、断裂，电机壳应无变形。

3. 检查 IMU

IMU 状态应正常，否则需要进行校准。

校准方法：在 DJI GO4 App 飞行界面中，依次选择“飞控参数设置”“高级设置”“传感器状态”选项，打开“传感器状态”界面，点击“校准传感器”按钮，即可重新校准 IMU，如图 4–3 所示。

4. 检查遥控器

天线应无损伤，遥控器与无人机的连接设置应正常。

5. 检查云台相机

云台相机如图 4–4 所示。使用时应将云台保护罩取下，其他时候应将保护罩扣上。云台相机的镜头一定不要直接用手触摸，如果相机镜头脏了，要用镜头清洁剂清洗干净。

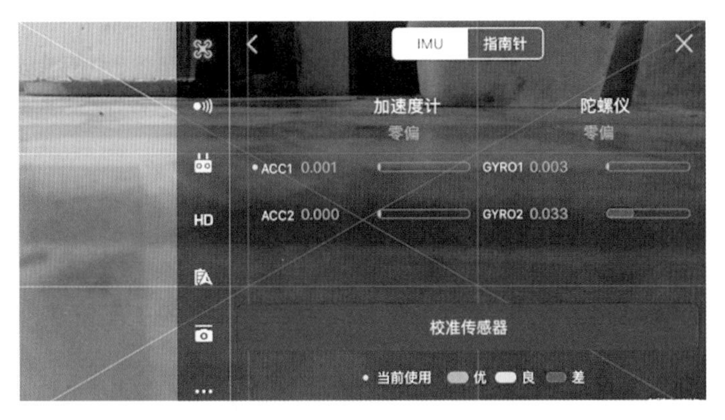

图 4-3　“传感器状态”界面

图 4-4　云台相机

6. 检查视觉定位系统

视觉定位系统的镜头上应无污染物或脏物，无裂痕。

7. 检查无人机的机身

无损伤、裂痕，机身的螺钉应无松动、变形。

8. 检查电池

电池已安装到位，保险卡良好，无松动、变形。

任务五　限飞区域和禁飞区域

一、限飞区域

限飞区域是指限制无人机飞行的区域。用户必须经过有关部门审批，无人机方可在限制区域内飞行。

可进入大疆官网选择“服务支持”子项目中的“安全飞行指引”，进入后可查询限飞区域。用户可根据取景地的禁飞情况调整拍摄策略。考虑到部分用户的特殊飞行需求，大疆 GEO 地理围栏系统（俗称电子围栏）同时提供飞行区域解禁系统，如需要在限飞区域内执行飞行任务，用户可根据飞行区域的限制程度，采取相应的方式完成解禁申请。

二、禁飞区域

禁飞区域是指禁止无人机飞行的区域，例如：

1. 党政机关办公区域附近。

2. 军队及其军事设施附近。

3. 保密单位附近。

4. 高速公路附近。

5. 高速铁路附近。

6. 高压输变电线路附近。

7. 机场周边等。

任务六　无人机航拍应用

目前，无人机航拍应用领域主要有影视航拍、街景拍摄、电力巡检、交通监视、环保监察、土地确权、农业保险和灾后救援等方面。

一、影视航拍

作为一种现代化的摄影手段，影视航拍在各种影视节目中得到广泛应用，并逐渐发展成为一个特殊的摄影门类。

与传统飞行航拍方式相比较，无人机航拍更为经济、安全、便于操控。因此，无人机航拍受到了影视创作与技术人员的热捧。近年来应用无人机航拍制作的影视作品层出不穷，很多专题片、影视剧、广告宣传片、音乐电视片等采用无人机完成航拍作业，取得了较好的社会效益与经济效益。

无人机航拍可根据不同的拍摄任务选择相应的摄影、摄像设备，从摄影、摄像俱佳的小型照相器材到专业广播级设备，无人机都可以搭载，并可以通过微波回传系统及时将拍摄素材回传，摄影师可以通过地面站获取实时影像，缩短制作周期。

无人机航拍的地面控制系统解放了飞行员与摄影师，使飞行员可以专心于飞行姿态的控制，执行预期航线；摄影师可以通过地面控制系统遥控摄像机的推、拉、摇以及旋转、俯仰等动作，专注于技术创作与艺术渲染，原则上如同操作一架可以任意移动的摇臂摄像机。

二、街景拍摄

无人机街景拍摄是指利用携带摄像机装置的无人机进行空中俯瞰航拍，无人机街景拍摄效果如图 6-1 所示。拍摄的街景图片不仅有一种鸟瞰世界的视角，还带有些许艺术气息，可以用于监控巡察。

图 6-1　无人机街景拍摄效果

三、电力巡检

无人机电力巡检是指利用装配高清数码摄像机或相机以及 GPS 定位系统的无人机，沿电网进行定位自主巡航，实时传送拍摄影像，监控人员可在计算机上同步收看与操控。

无人机电力巡检实现了电子化、信息化、智能化巡检，提高了电力线路巡检的工作效率、应急抢险水平和供电可靠率。特别是在山洪暴发、地震灾害等紧急情况下，无人机可对线路的潜在危险，如塔基陷落等问题进行勘测与紧急排查，丝毫不受路面状况的影响，既免去攀爬杆塔之苦，又能勘测到人眼观察时的视觉死角，对于迅速恢复供电很有帮助。无人机电力巡检，如图 6-2 所示。

图 6-2　无人机电力巡检

四、交通监视

无人机交通监视是指利用无人机对交通状况进行实况监视、交通流量调控，构建水、陆、空立体交管，实现区域管控，确保交通畅通，应对突发交通事件，实施紧急救援的活动，如图 6-3 所示。

图 6-3　无人机交通监视

五、环保监察

无人机环保监察是指利用无人机携带的设备对环境质量的相关数据进行采集、检测、分析，为环境检测、环境执法、环境治理提供依据。

1. 环境监测

无人机环境监测是指利用无人机携带的设备对空气、土壤、植被和水质状况等质量数据进行检查、测量，实时快速跟踪和监测突发环境污染事件的发展，如图 6-4 所示。

图 6-4　无人机环境监测

2. 环境执法

无人机环境执法是指环境监测部门利用搭载了采集与分析设备的无人机在特定区域巡航，监测企业工厂的废气与废水排放，寻找污染源，如图 6-5 所示。

图 6-5　无人机环境执法（寻找污染源）

3. 环境治理

无人机环境治理是指利用携带了催化剂和气象探测设备的无人机在空中进行喷洒，在一定区域内消除雾霾。

六、土地确权

利用无人机航拍图可确定土地边界。大到省界区域，小到农村土地，其确权都可由无人机进行航拍。对于存在争议、权属不清的，调派无人机前去采集边界数据，可有效避免潜在的社会冲突。无人机土地确权，如图 6-6 所示。

图 6-6　无人机土地确权

七、农业保险

在农业保险领域，利用安装了高清数码相机、光谱分析仪、热红外传感器等装置的无人机在农田上飞行，可准确测算投保地块的种植面积，利用所采集的数据来评估农作物风险情况、保险费率，并为受灾农田定损提供依据。

在农业保险领域应用无人机，既可确保定损的准确性以及理赔的高效率，又能监测农作物的生长状态，帮助农户采取针对性的措施，以减少风险和损失。航拍评估农作物风险，如图 6–7 所示。

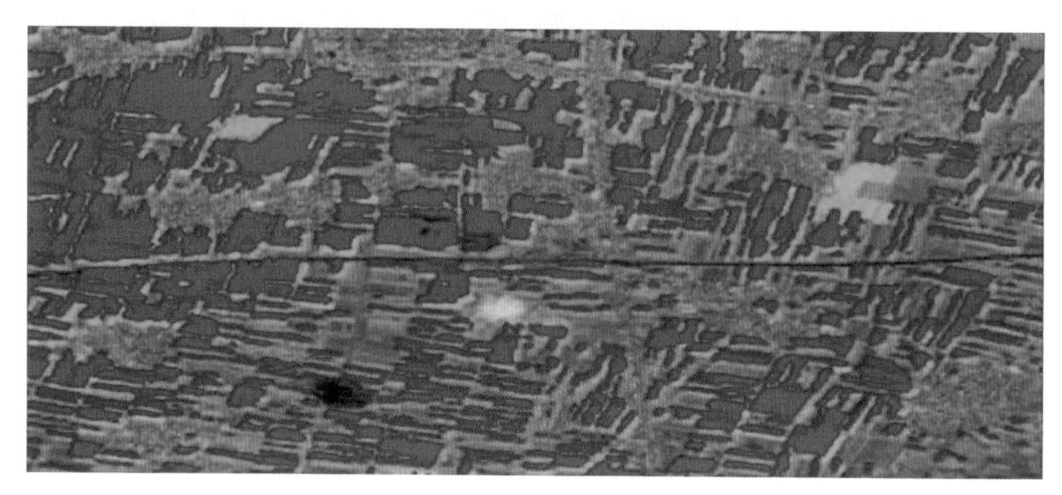

图 6-7　航拍评估农作物风险

八、灾后救援

利用搭载了高清拍摄装置的无人机对受灾地区进行航拍，可以提供最新影像，全方位地实时监测受灾地区的情况，保障救援工作的安全，以防引发次生灾害，如图 6–8 所示。

图 6-8　无人机灾后救援

思考与练习

1. 无人机有哪些类型？

2. 影响无人机航拍的因素有哪些？

3. 使用航拍设备的注意事项有哪些？

4. 检查航拍无人机的内容有哪些？

5. 如何识别限飞区域？

6. 民用无人机有哪些应用领域？

项目二

摄影基础技术

学习目标

通过学习了解摄影成像的原理，了解数码相机的结构，掌握选用镜头的技巧，掌握对焦方式，了解测光基准、方式与曝光补偿方法，了解光的类型、方向、高度和自然光特点，掌握人工光灯具、光线类型及布光方法，掌握构图原理与技巧以及曝光的方法与技巧。

任务七　摄影基本知识

一、摄影成像

摄像成像是指利用感光元件把物体通过镜头形成的影像固定和呈现出来，从而实现记录、存储影像。物体成像就是通过它们对光、色的接收和反应的原理来感光成像的。摄影成像原理如图 7–1 所示。

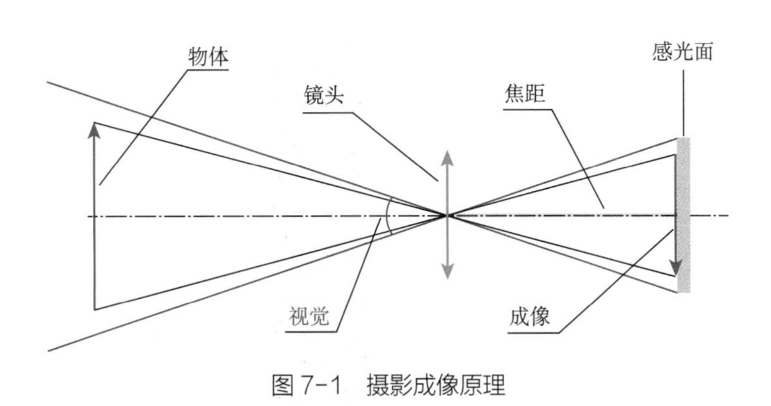

图 7-1　摄影成像原理

二、光、色与感光元件的关系

1. 光是摄影的前提，没有光就没有影像。

2. 感光元件与人的视觉感受有很大不同。人眼可以在明暗差距极大的范围内（1∶300 以上）工作，并能迅速调整获得合适的视觉影像。而相机的感光元件无法做到，合适的明暗比为 1∶128 以下。

3. 光色及其冷暖变化由发光体发出的光的波长决定。不同波长的光照射到同一景物上的显色性不同，如钨丝灯光呈现为橙黄的暖色，日光灯光呈现为浅蓝的冷色。感受光色时，数码相机设有可调节光色的装置——白平衡，用户可以根据光源光色的不同进行调节，使彩色影像的色彩更接近自然原色。若在午时的阳光下拍摄，应把白平衡调到日光色温 5 500 K；若在灯光下拍摄，则应把白平衡调到灯光色温 3 200 K。只要遵守以上要领，影像就能获得正确的色彩。不同场景的色温对比如图 7–2 所示。

4. 需要特殊影像效果时应选择使用相应的感光元件。

三、传统感光胶片和数码感光元件的差异

相机可分为胶片相机和数码相机两类。胶片相机是以传统感光胶片作为感光材料的相机，胶片是胶片相机感知成像的介质。数码相机是以数码感光元件和存

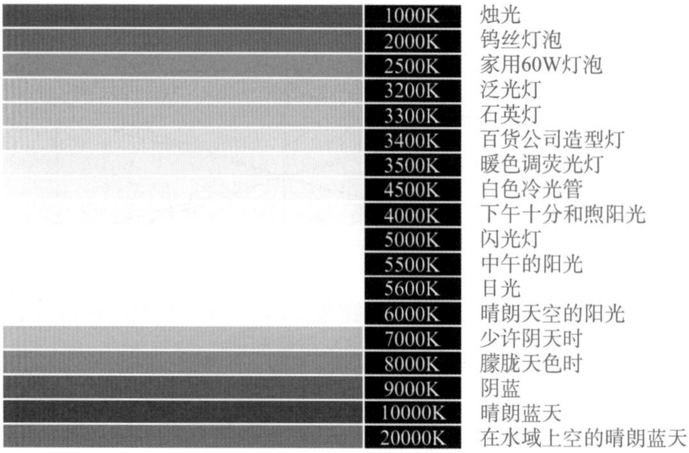

1000K	烛光
2000K	钨丝灯泡
2500K	家用60W灯泡
3200K	泛光灯
3300K	石英灯
3400K	百货公司造型灯
3500K	暖色调荧光灯
4500K	白色冷光管
4000K	下午十分和煦阳光
5000K	闪光灯
5500K	中午的阳光
5600K	日光
6000K	晴朗天空的阳光
7000K	少许阴天时
8000K	朦胧天色时
9000K	阴蓝
10000K	晴朗蓝天
20000K	在水域上空的晴朗蓝天

图 7-2　不同场景的色温对比

储磁卡来存储影像的相机。数码相机的影像直接以数字方式保存、传送，通过计算机输出转换为可视的图像。数码感光元件的感光敏感度比传统感光胶片的感光敏感度更高。

任务八　数码相机的分类和结构

一、数码相机的分类

数码相机一般分为轻便型相机、高档消费机、专业单反机三类。

1. 轻便型相机

轻便型相机的特点是镜头、机身和闪光灯一体化，功能全自动，操作极为简便且价格低廉，市场占有量最大，如图 8-1 所示。

图 8-1　轻便型相机

2. 高档消费机

高档消费机通常由镜头、机身、闪光灯三部分组成，如图 8-2 所示。相机为一体化的紧密结构，采用的感光元件尺寸较小，像素较高，拍摄的画面可用于报刊、画册、海报等。

图 8-2　高档消费机

高档消费机的特点是轻便、专业。光学变焦一般为 5 ~ 12 倍，有些能达到 18 倍；设置有 P.A.S.M 等多种模式（P，程序自动曝光模式；A，光圈优先模式；S，快门优先模式；M，全手动模式），除全自动操作功能外，还有手动操作功能。此外，高档消费机通常还具有一些高级的个性化功能和扩展空间。

3. 专业单反机

专业单反机是体积较大、能更换镜头、功能设置追求专业化的相机。多是金属机身，可以更换使用广角、标准和长焦等不同的镜头，闪光灯也可拆装通用。采用全画幅或画幅尺寸略小的感光元件，像素高，拍摄的画面品质高，可以广泛用于人像、新闻和广告等拍摄，是专业摄影师的主要工具。专业单反机如图 8-3 所示。

图 8-3　专业单反机

二、数码相机的结构

数码相机主要由镜头、感光元件、存储卡、取景器、调控装置、滤镜、闪光灯等结构部件组成，如图 8-4 所示。

图 8-4　数码相机的结构

镜头是相机的眼睛，用于观察被摄对象；感光元件是相机的绘图纸；存储卡是相机的保管箱；取景器是相机的观察窗口；调控装置是相机的行为开关；滤镜是光学过滤器，用于过滤自然光；闪光灯是“人造太阳”，用于根据需要进行瞬间照明或对拍摄对象进行局部补光。

以下对镜头、感光元件、存储卡、取景器和闪光灯进行介绍。

1. 镜头

镜头可分为定焦镜头和变焦镜头两类。

（1）定焦镜头。镜头只有一个固定焦距，即只有一个视野，没有变焦功能，如图 8–5 所示。定焦镜头设计简单，对焦速度快，成像质量稳定。

在摄影镜头的镜圈上可看到 *F*=50 mm 或 *f*=28 mm 等数据，表示镜头焦距。焦距是焦点到凸透镜中心的距离，如图 8–6 所示。

图 8-5　定焦镜头

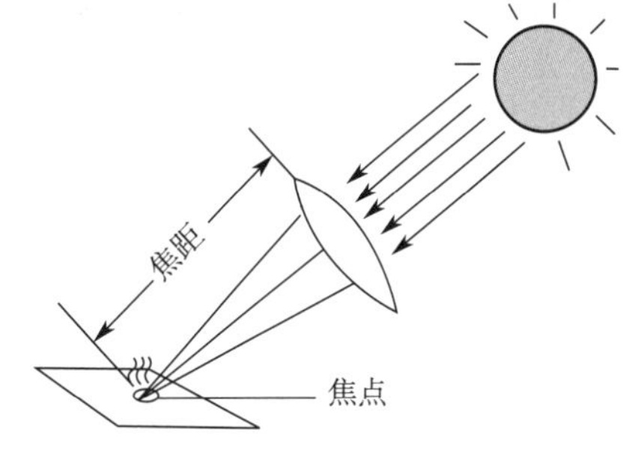

图 8-6　焦距示意图

镜头由一组透镜（凸透镜 + 凹透镜）组成，因此镜头焦距不是从镜头透镜中心点到焦点成像（聚焦）平面的距离，而是由镜头透镜主点（主视线与透视面的交点）算起，从镜头透镜主点到成像（聚焦）平面的距离，如图 8–7 所示。

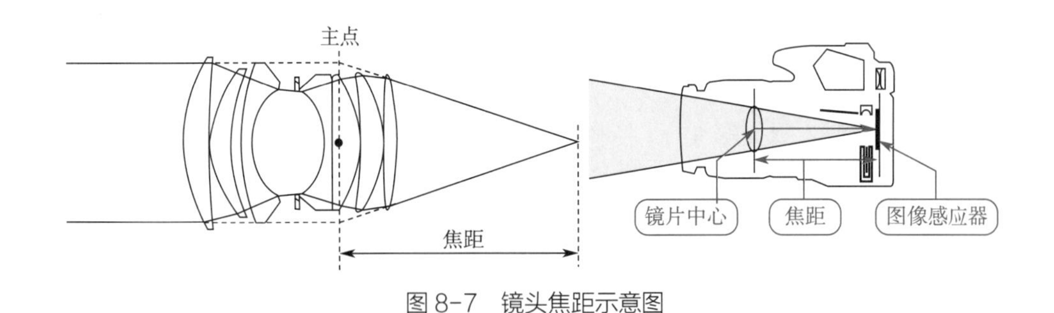

图 8-7　镜头焦距示意图

定焦镜头根据焦距不同可分为标准镜头、短焦镜头（广角镜头）、长焦镜头（望远镜头）和微焦镜头等。图 8–8 所示为不同镜头组成的镜头群。

1）标准镜头。标准镜头是指与人眼视角（46°）大致相同的镜头。例如，135 相机标准镜头的焦距范围一般为 40 ~ 58 mm，120 相机标准镜头的焦距范围一般为 75 ~ 90 mm。

图 8-8　镜头群

2）短焦镜头（广角镜头）。短焦镜头是指焦距短、视角广于标准镜头的镜头。135 相机中，焦距在 38 ~ 24 mm、视角在 60° ~ 90° 的镜头为普通广角镜头；焦距在 20 mm 以下、视角在 90° 以上的镜头为大广角镜头。广角镜头中还有一种视角接近 180° 的超广角镜头（鱼眼镜头），如 135 相机中的 9 mm、16 mm 镜头，此类镜头的镜片凸出，因类似于鱼的眼睛而得名。鱼眼镜头又分全视场与圆视场两种。全视场拍摄的画面场景为长方形，但地平线和垂直线被扭曲成弧线；圆视场拍摄的画面中则把景物变形压缩在一个圆球形画面里。鱼眼镜头较一般广角镜头景深更大、视野更宽阔，夸张地改变透视关系，常用于拍摄大场面照片，可形成独特的视觉效果。

3）长焦镜头（望远镜头）。长焦镜头是指焦距长、视角小于标准镜头视角的镜头。135 相机中，长焦镜头的焦距一般有 70 mm、85 mm、135 mm、300 mm、500 mm 等，视角在 5° ~ 30°。其中，摄影界习惯把焦距在 70 ~ 100 mm 的镜头称为中焦镜头，焦距在 135 mm 以上的镜头称为长焦镜头。

长焦镜头拍摄远距离景物时能把景物拉近，获得较大的影像，因此又被称为望远镜头。这类镜头在远处拍摄时不会惊动被摄对象，比较容易抓拍到自然、生动的画面。

4）微焦镜头。微焦镜头的焦距大多在 30 ~ 80 mm。微焦镜头可以将微小的物体，如邮票、硬币甚至更小的物体，按 1∶1 的比例记录到画面中，也可以在很近的距离内拍摄，在表现物体的细节和保证影像的质量方面都具有特别的优势。

不同焦距的镜头，视角不同，成像效果不同，焦距与视角的关系如图 8-9 所示。同一场景不同焦距镜头下的效果对比，如图 8-10 所示。

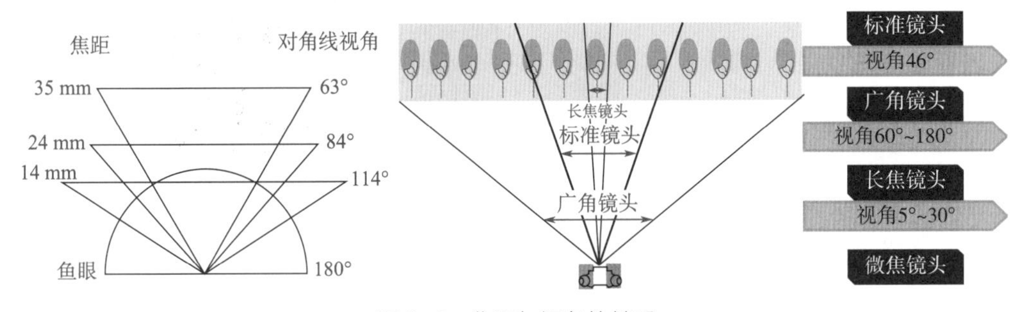

图 8-9　焦距与视角的关系

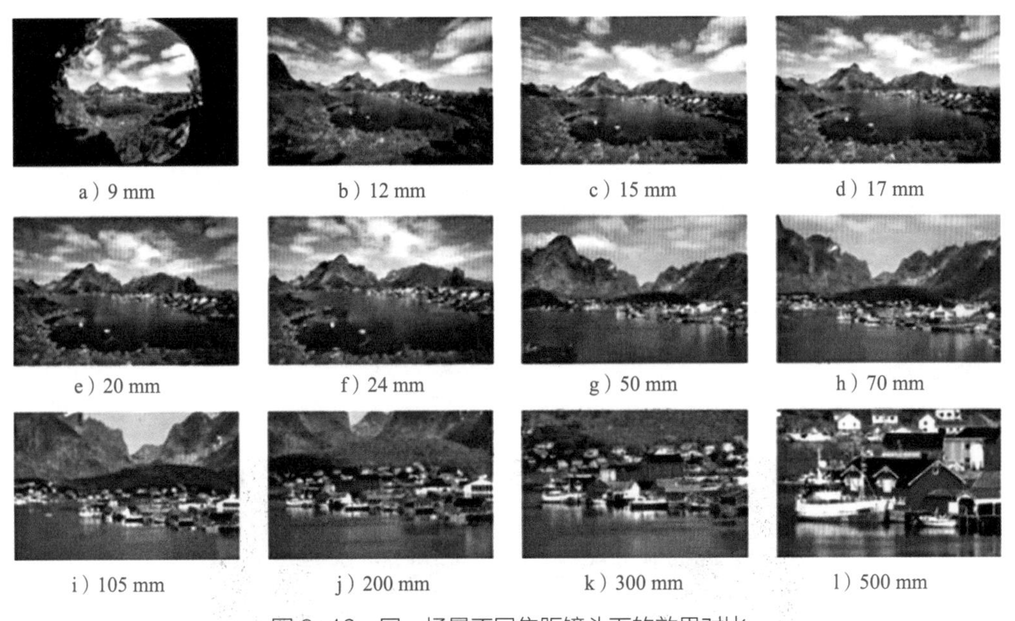

图 8-10　同一场景不同焦距镜头下的效果对比

（2）变焦镜头。变焦镜头是指在一定范围内可以变换焦距，从而得到不同宽窄的视场角、不同大小的影像和不同景物范围的相机镜头。变焦镜头在不改变拍摄距离的情况下，可以通过变动焦距来改变拍摄范围，因此非常有利于画面构图，但成像质量远不如定焦镜头。一个变焦镜头可以担当起若干定焦镜头的作用，使用时不仅减少了携带摄影器材的数量，还节省了更换镜头的时间。变焦镜头组成部件，如图 8-11 所示。

变焦有光学变焦和数码变焦之分。光学变焦是利用镜头中的镜片位置移动而改变焦距，是真正意义的变焦。数码变焦是根据拍摄需要，将一部分景物在相机内部用电子电路放大，不是真正意义的变焦，放大后噪点会增加。光学变焦效果好，但是设备体积大；数码变焦效果差，但是设备体积小，使用更为方便。

图 8-11　变焦镜头组成部件

2. 感光元件

感光元件是将进入镜头的光转化为模拟电信号的电子元件，相当于胶片相机中的胶片，其结构如图 8-12 所示。感光元件负责接收镜头获取的光学影像，通过转换固定，保存影像于存储卡中，以便观看和加工制作。

感光元件主要有两种：一种是 CCD，charge coupled device，电荷耦合器件图像传感器；另一种是 CMOS，complementary metal-oxide semiconductor，互补性氧化金属半导体。

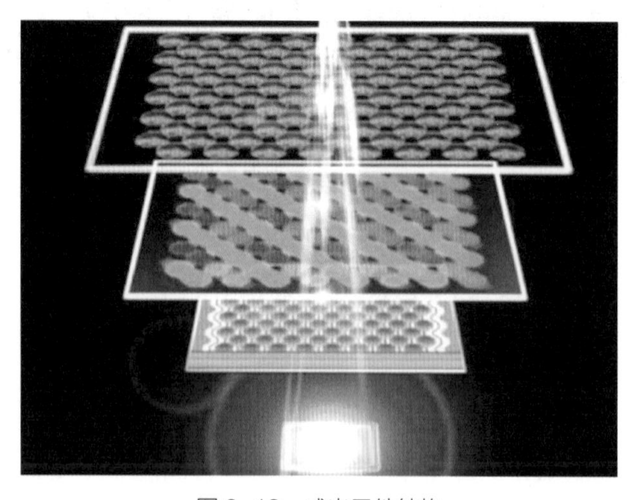

图 8-12　感光元件结构

像素是衡量感光元件质量的重要指标，直接决定了数字影像质量的好坏（清晰度、层次过渡、细节信息）。感光元件上的每一个点表示一个像素。像素越高，则感光元件的成像质量越高，影像越细腻，清晰度越高。根据相机感光元件矩形尺寸，像素总量 = 影像长边像素量 × 影像短边像素量。通常用“万”“百万”作为像素的计量单位，如 500 万像素和 1 000 万像素。

分辨率是指影像载体对景物细微部分的记录和表现能力，定义为感光元件在 1 mm 范围内最多可分辨线条的能力，单位为“线对 /mm”。记录被摄对象细微部分“线对 /mm”数越大，则分辨率越高，反之分辨率越低。

数码相机的分辨率与感光元件的尺寸和像素有关，感光元件的尺寸大、像素高，影像的分辨率就高，反之则低。

3. 存储卡

存储卡是用于存储影像的介质。数码相机拍摄常用的存储卡主要有 CF 卡、XD 卡、SD 卡等。存储卡的存储容量为 4 ~ 64 GB 不等，容量越大，能存储的影像数量就越多。

4. 取景器

取景器是相机取景的窗口，通过它观察和挑选拍摄对象并对准聚焦，便于调整画面的构图，直到选中最佳构图才按下快门拍照。

相机的取景有三种方式，即光学平视取景、单镜头反光取景和 LCD 取景。

（1）光学平视取景。光学平视取景器由机身上一个与镜头同方向的玻璃窗口和相应的系统构成。人们通过这个光学玻璃窗观察取景、聚焦成像，然后实时拍照，如图 8–13 所示。

光学平视取景具有“看上就拍”的优点，缺点是拍摄的画面常常与取景器看到的画面不一致，有一定的视差，也就是“所见非所拍”。拍摄远的景物时视差较小，被摄对象越近视差越大，因此在取景时需要注意校正视差。

（2）单镜头反光取景。单镜头反光取景又称单反取景，通过镜头、反光镜、五棱镜的共同作用，使拍摄者可以在取景窗口中直接观察到被镜头捕捉到的影像，也就是“所见即所拍”，如图 8-14 所示。单镜头反光取景的另一大优点是镜头可以更换，具有一机多用的实用性特点。

图 8-13　光学平视取景

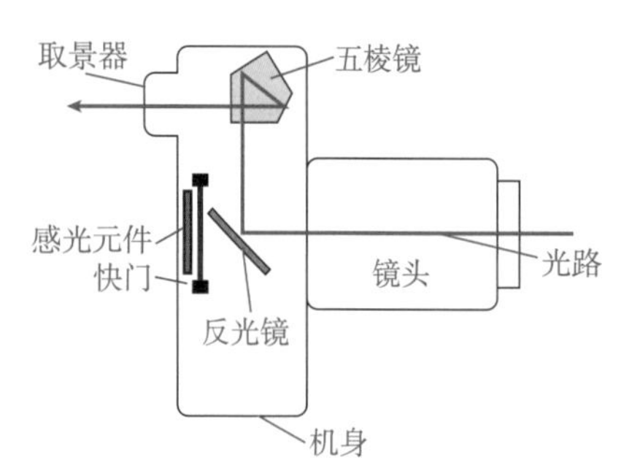

图 8-14　单镜头反光取景

（3）LCD 取景。LCD 取景又称液晶显示屏取景，可以看到无视差的真实影像，如图 8-15 所示，检查各项工作数据并及时调整，还可以回放所拍摄的影像，如有问题可马上重拍。

图 8-15　LCD 取景

5. 闪光灯

（1）闪光灯类型。根据指数（功率）大小，闪光灯可分为多种类型，通常 GN（guide number，闪光灯指数）值在 20 以下的为小型闪光灯，GN 值在 20 以上 40 以下的为中型闪光灯，GN 值超过 40 的为大型闪光灯。常见的数码相机上主要采用小型闪光灯。

闪光灯外形小巧，但发光强度极大。闪光灯的光属于冷光，不像聚光灯、碘钨灯、石英灯等发出灼热的光线，这对于拍摄怕热的被摄对象更为合适。利用闪光灯拍摄的照片如图 8-16 所示，不使用闪光灯拍摄的照片如图 8-17 所示。相比较而言，利用闪光灯拍摄的照片，主体更加突出。

图 8-16　利用闪光灯拍摄的照片

图 8-17　不使用闪光灯拍摄的照片

（2）闪光灯的功能。

1）防红眼。暗弱光线下用闪光灯拍摄人物正视镜头的画面时，由于人眼视网膜后血管对闪光的反射，瞳孔呈红色，被称为“红眼现象”。防红眼是指为防止出现红眼现象，闪光灯会发出约 1 s 的光亮，使人眼的瞳孔缩小，然后发出强烈闪光，从而消除红眼现象。开启防红眼功能与未开启防红眼功能的效果对比如图 8-18 所示。

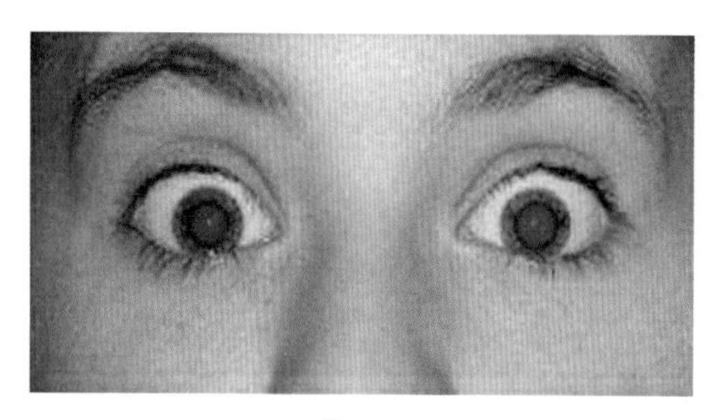
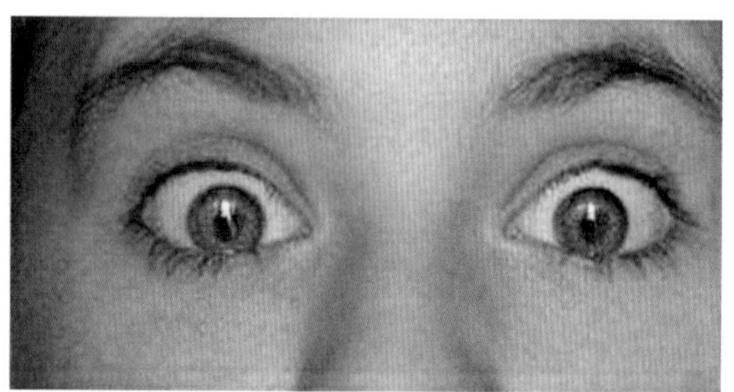

图 8-18　开启防红眼功能与未开启防红眼功能的效果对比

2）变焦闪光。变焦闪光是指镜头焦距变化同步控制闪光灯焦距自动进行匹配，从而获得最佳的光线闪光角度。闪光灯焦距是指闪光角度，和镜头变焦类似。改变闪光灯焦距，会影响光束的投射距离和光线强度。缩小闪光灯焦距，光线能够覆盖更广的范围，使光线变得不那么强烈，即闪光灯焦距越小，光线覆盖的角度越大；同理，增加闪光灯焦距，光束会被聚集起来，光线也会更加强烈，即闪光灯焦距越大，光线覆盖的角度越小。闪光灯焦距为 16 mm 时，闪光灯灯光覆盖的范围为整个房间，而闪光灯焦距为 105 mm 时，闪光灯灯光覆盖的范围为房间内的一部分，二者效果大有不同，如图 8-19 所示。

a）闪光灯焦距为 16 mm

b）闪光灯焦距为 105 mm

图 8-19　不同焦距闪光灯灯光效果对比

（3）前、后帘同步闪光。前、后帘同步闪光是指使用慢速度快门拍摄时，可以选择在快门开启前或开启后触发闪光。相机前、后帘如图 8–20 所示。

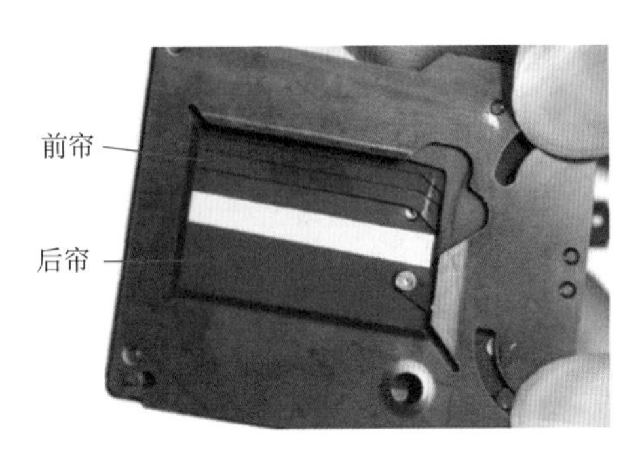

图 8–20　相机前、后帘

1）前帘同步闪光。即在相机快门开启前闪亮，这时用慢速度快门拍摄动体，闪光照亮的主体实像在先，主体模糊的拖影在后。前帘同步闪光主要用于静止的物体，可让主体受光，然后进行长时间曝光使背景更加明亮。

2）后帘同步闪光。即在快门开启后、曝光即将结束的瞬间闪亮，画面上先记录主体模糊虚像，再闪光记录主体实像。后帘同步闪光主要用于拍摄有相对运动或相对运动倾向的被摄对象，如人、运动中的车辆、动物、体育和舞蹈题材等，可表现光影的动感，并保持主体最清晰的瞬间。

前帘同步闪光与后帘同步闪光效果对比如图 8–21 所示。

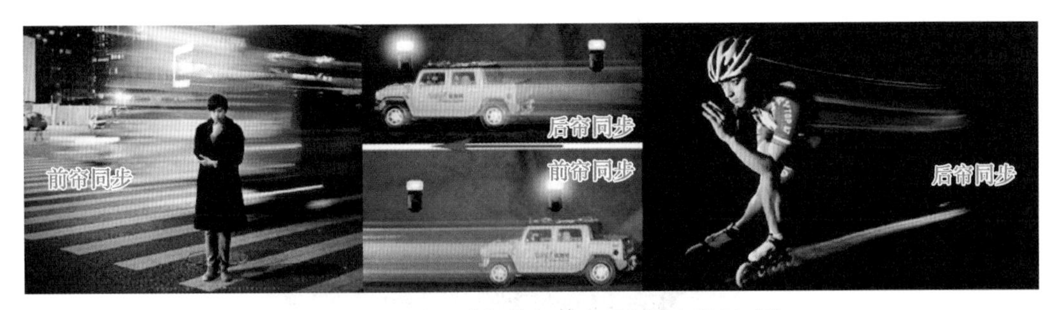

图 8–21　前帘同步闪光与后帘同步闪光效果对比

任务九　图像格式、对焦、防抖、测光

一、图像格式

图像格式是指存储图像文件所遵循的标准。目前数码相机中通用的图像格式主要有 JPEG、TIFF 和 RAW 三种。

JPEG 是一种最常用的有损图像压缩格式，能够使图像压缩在很小的存储空间内，图像中的数据被压缩，图像数据会有损失，质量也会明显下降。

TIFF 是一种压缩最小的图像处理格式，存储的图像细微层次的信息非常多，图像没有损失，质量很高，通用性较好，但需要占用大量的存储空间。

RAW 是既未处理也未经压缩的数码相机专用图像格式，是一种无损失的原始数据格式。

二、对焦

对焦是通过相机对焦机构变动物距和相距的位置，使被摄对象成像清晰的过程。对焦方式分手动对焦（MF，auto focus）和自动对焦（AF，manual focus）两种，通常拍摄者拨动旋钮即可选择，如图 9-1 所示。

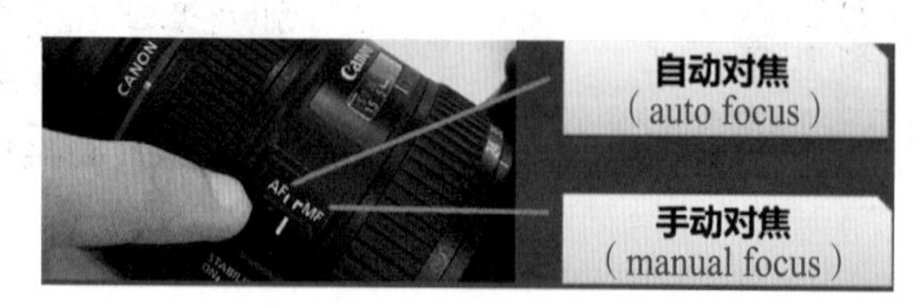

图 9-1　手动对焦和自动对焦

1. 手动对焦

手动对焦是在肉眼鉴别的基础上，通过调整对焦环或使用遥控器方向键等手动方式调节焦距，使画面清晰的过程。

手动对焦主要有直观对焦、双像重合对焦和裂像对焦三种方式。

（1）直观对焦。转动对焦环，当被摄主体在磨砂玻璃上影像最清晰时，即表示对焦正确。

（2）双像重合对焦。双像重合对焦是旁轴取景相机上最典型的对焦方式。当被摄主体出现彼此错开的两个影像时，表示焦点有误差，这时应旋转镜头对焦；当取景器内被摄主体两个影像彼此重叠时，表示对焦正确，可以拍摄。

（3）裂像对焦。单反相机的对焦屏中心有两块半圆形的光楔，对焦不正确时，两块光楔各自成像并分裂错位，周围的景象模糊，此时需要进行调整，直到景象清晰为止。

2. 自动对焦

自动对焦是指相机中的传感器捕捉到激光信号后，通过微处理器计算距离，从而自动完成对焦的过程。自动对焦以侦测被摄对象的反差并模拟再现进行对焦，其中对物体表面明暗差异的侦测和接收是关键。自动对焦分主动式自动对焦和被动式自动对焦两种。

（1）主动式自动对焦。主动式自动对焦是指相机主动发射一束红外线侦测光，并接收物体表面受到光照后的明暗状态，计算拍摄目标的距离，驱使微型电动机对准焦点直到显示屏上影像清晰为止。这种对焦方式多用于中低档数码相机。

（2）被动式自动对焦。被动式自动对焦是指相机本身不主动发射侦测光，而是直接接收、分析来自外界景物自身的反射光，并根据相位差原理计算出拍摄目标的距离，再驱使微型电动机对焦和调节显示屏上影像的清晰程度的过程。

三、防抖

使用没有防抖功能的相机，拍摄时的轻微抖动就会影响拍摄效果。抖动情况下拍摄的画面往往模糊不清，如图 9-2 所示。

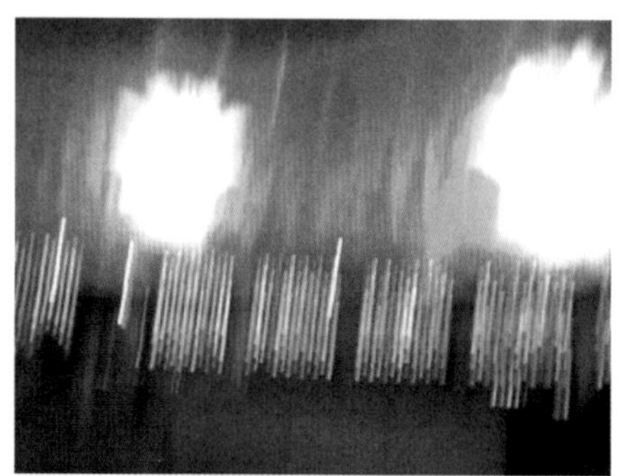

图 9-2　抖动造成的模糊画面

目前的影像器材防抖机制主要分为镜头防抖、机身防抖和电子防抖三种。

1. 镜头防抖

镜头防抖是利用微型计算机控制镜头中的浮动镜片，在镜头抖动时，使之在与相机抖动相反的方向上移动，从而稳定图像的一种措施。镜头防抖仅有水平、垂直的防抖，其特点如下。

（1）镜头防抖在远摄镜头中更有效。例如，使用 500 mm 焦距镜头拍摄时，相机的轻微晃动会导致图像变化非常剧烈，这种晃动通过镜头防抖装置能够有效地消除。

（2）在弱光条件下，镜头防抖效果更好。镜头防抖不会因为极端环境而影响感光元件的对焦和测光。

（3）镜头防抖可以使电池寿命更长。镜头防抖只需要较小的电机来移动浮动镜片，与机身图像稳定相比，电池消耗的电量少得多。

（4）镜头防抖对测光和自动对焦没有影响。

2. 机身防抖

机身防抖是通过移动 CMOS 来保证光线始终落在 CMOS 一点的防抖措施。机身防抖可以做到俯仰、左右摇摆、水平、垂直、旋转的防抖。机身防抖的优点如下。

（1）机身防抖经济性更好。采用机身防抖的相机，可以使没有防抖功能的镜头全部实现防抖功能，从而节约镜头成本。

（2）机身防抖适用于所有镜头。

（3）机身防抖始终静音。机身防抖没有镜头防抖在工作时“咔咔咔”的镜组移动的声音。

（4）机身防抖能在长焦、大光圈镜头下提供更干净的焦外（即焦点以外，摄影用语），而镜头防抖通过移动镜组来完成防抖，有些情况下会导致照片出现一些奇怪的焦外。

（5）机身防抖在录视频时能起到显著稳定的效果，而镜头防抖大多为静态影像设计，只有少部分新镜头支持视频防抖。

3. 电子防抖

电子防抖是一种通过降低画质来补偿抖动的技术，试图在画质和画面抖动之间取一个平衡点，指在数码相机中采用强制提高 CCD 的感光度，同时加快快门，并对 CCD 上取得的图像进行分析，然后利用边缘图像进行补偿的防抖措施。

四、测光

测光一般是指测量被摄对象反射回来的光亮度，即在进行拍摄前，相机帮助拍摄者对取景框内的画面进行光线明暗度测量，从而给相机一个正确的曝光值，使得拍出的照片曝光合适的过程。

1. 测光的作用

测光的主要作用是明确测光区域的明暗程度，并通过测光标尺反馈实时参数，作为设定曝光参数的参考依据，达到一个理想的曝光环境。相机的测光标尺如图 9-3 所示。

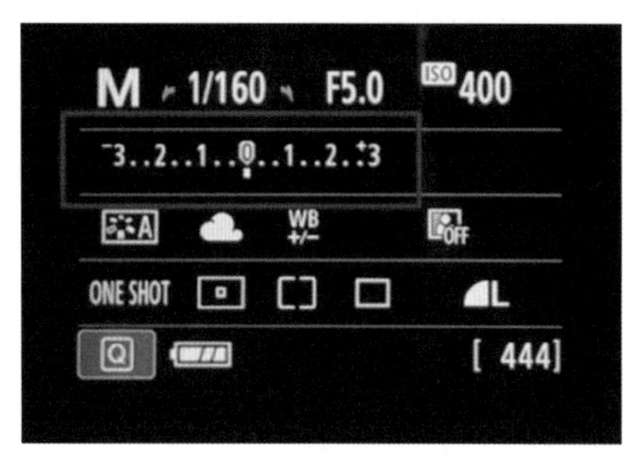

图 9-3　相机的测光标尺

2. 测光标尺中的 0 值

测光标尺中的 0 值是准确曝光值，大于 0 的曝光值为高调，对应的画面为高调画面；小于 0 的曝光值为低调，对应的画面为低调画面。高调画面中主要是高亮和浅白色景物的影像，具有色彩浅淡、层次细腻、简洁明快的特点，其中有很少量的深色影像，总体给人以纯洁高雅的印象。高调照片应以白色和浅色景物为主要拍摄对象，如白色的瓷器、雪景等，用光以顺光为主，曝光时有意增加两挡以上。这样获得的画面就会是明亮、浅淡的高调效果。

低调与高调刚好相反，低调画面中主要是黑色和深色景物的影像，具有色彩深暗、层次省略、深沉厚重的特点，其中有很少量的浅白色影像，总体给人以肃穆神秘的印象。低调的影像效果，给作品带来一种忧郁和沉闷的气氛。低调照片应以黑色和深色景物为主要对象，如黑色的煤炭，用光以侧光或逆光为主，曝光时有意减少两到三挡。如此拍摄就可以获得深重、暗黑的低调画面。

3. 测光基准

测光基准是指相机以人皮肤的 18% 反射率所确定的基准亮度值，如图 9–4 所示。

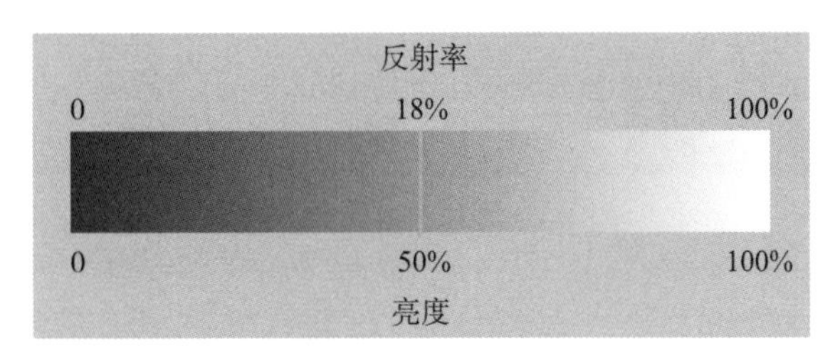

图 9–4　测光基准

当我们拍摄光线反射率约 18% 的对象时，比如拍人，将测光标尺拨到 0 的位置就可以得到一张正确曝光的照片。测光标尺中的 0 值对应测光基准值 18 度灰，又称中间灰，如图 9–5 所示。

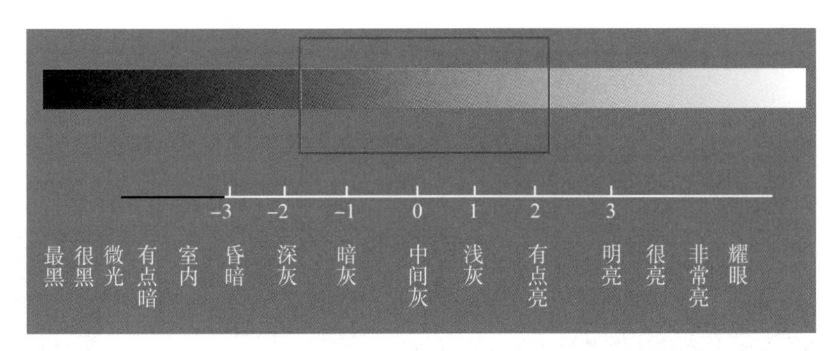

图 9–5　测光标尺

4. 曝光补偿

曝光补偿就是有意识地变更相机光圈值或者快门速度来进行曝光值的调节，使照片更明亮或者更昏暗的拍摄手法。曝光值一般在 ±（2 ~ 3）EV 左右，如果环境光源偏暗，即可增加曝光值（如调整为 +1 EV、+2 EV）以凸显画面的清晰度；如果环境光源偏亮，则需降低曝光值。曝光补偿效果对比，如图 9–6 所示。

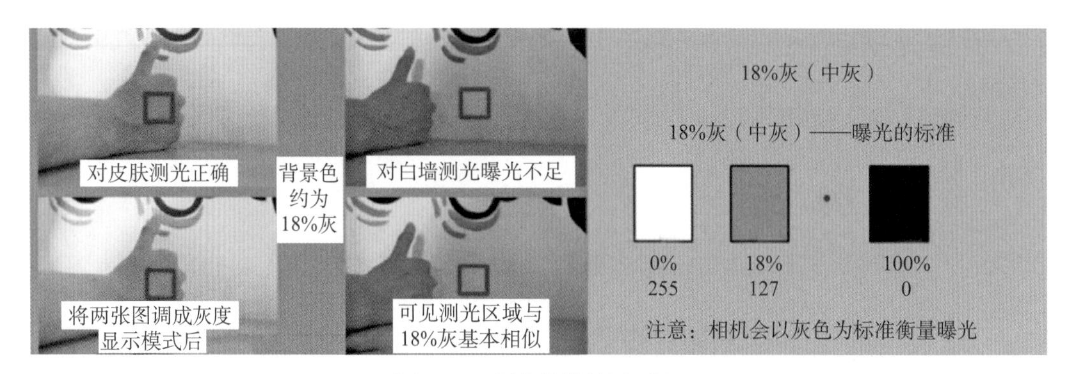

图 9-6　曝光补偿效果对比

5. 测光方式

相机的测光方式有评价测光、局部测光、中央重点平均测光和点测光等。

（1）评价测光。评价测光是一种考虑全局的测光方式，即以对焦点为中心，根据整个场景的光照情况计算出正确曝光所需的曝光值。评价测光适用于大多数拍摄情况。评价测光作品如图 9-7 所示。

图 9-7　评价测光作品

（2）局部测光。局部测光是对画面的某一局部进行测光的测光方式。当被摄主体与背景有着强烈明暗反差，而且被摄主体所占画面的比例不大时，最适合运用局部测光，通常用于舞台、演出、逆光等场景中。局部测光作品如图 9-8 所示。

图 9-8　局部测光作品

（3）中央重点平均测光。中央重点平均测光是一种将拍摄主体，也就是需要准确曝光的人或物放在取景器的中央，以中央部分的测光数据为主，其他测光数据为辅助的测光方式。中央重点平均测光主要用于人像摄影、纪实摄影、街头抓拍等以中央构图为主的领域。中央重点平均测光作品如图 9-9 所示。

图 9-9　中央重点平均测光作品

（4）点测光。点测光是一种针对画面主体或某个特定点进行测光的测光方式。点测光的测光感应器通常位于取景器的正中心，其测光范围极小，一般只占画面的 2%～4%，而测光数据占计算权重的 100%。因此，这一区域的测光和曝光数据是非常准确的。

点测光适用于主体与环境光比较大的场景，如环境人像、逆光剪影、舞台演出、体育赛事、风光摄影、动植物摄影等。应用点测光时，主要是对画面中的主体或重点进行测光，这个测光点应是拍摄者需要重点表现的部位，以保证曝光准确。例如，在拍摄日出日落时，为了保证天空曝光准确，就要对太阳周边较亮的部位进行点测光；在光线均匀的室内拍摄人像时，对面部、眼睛、手臂、衣饰等分别进行点测光，就可以计算出准确的曝光数据。点测光作品如图 9–10 所示。

图 9–10　点测光作品

任务十　摄影用光

一、光的基本知识

1. 光的类型

摄影用光主要有自然光和人工光。自然光来自自然光源，如太阳光、星光、闪电、萤火虫光等；人工光来自人工光源（电光源、火焰光等），如白炽灯、卤钨灯、电子闪光灯、荧光灯等。

根据发光时间的长短，光源可分为连续光源、瞬间光源与脉冲光源。日光灯、白炽灯、荧光灯等绝大多数电光源都是连续光源，瞬间光源主要是电子闪光灯，脉冲光源主要是频闪灯。

2. 光的使用

在摄影中，通过对光的选择、调度、控制，可以逼真地再现被摄对象的形状、质感、色彩和空间立体感；通过特定光线的运用，可以有选择地突出被摄对象的某些方面，同时掩饰某些表面细节，引导他人更好地理解作品内容。在使用过程中，光的表现形式有强、弱、硬、软之分，也有正、侧、逆的变化，还有高、低、平的高度区别以及冷、暖的不同。

（1）光的强弱。光的强弱取决于照明强度。如晴天正午的光线非常强烈，阴雨天则光线昏暗，没有月亮的夜晚基本没有光。强光造型能力强，被摄对象显得明亮，反差较大、色彩鲜艳；弱光下被摄对象明暗反差小，色调柔润但质感细腻。照明强度不同还会给人以不同的心理感受，明亮的光线常给人一种明亮、振奋的感觉，暗淡的光线则常常表现忧郁、宁静和神秘的情绪。

（2）光的软硬性质。直射光（如阳光、聚光灯）是硬光，照射景物时，光照充足，方向性强，能在光滑表面产生反光与耀斑，形成轮廓清晰的阴影和高反差的影调，拍摄人像时可使人物脸上明暗分明，造型能力强。软光也称柔光，如阴天、多云时的光线等，在被照物体上不会留下明显的痕迹。软光的特点是：光线柔和，没有明显的方向性；被照射物体有微弱的阴影；明暗反差小，质感细腻且层次丰富。软光主要应用在妇女和儿童题材的拍摄中。柔光和硬光的最主要的区别是相对光源的大小，相对光源越大就能打造越柔和的光。

（3）光的方向。由于直射光具有明显的方向性，随着光源水平位置的移动，被摄对象便得到顺光、侧光、逆光等不同照明效果。光的方向，如图 10–1 所示。

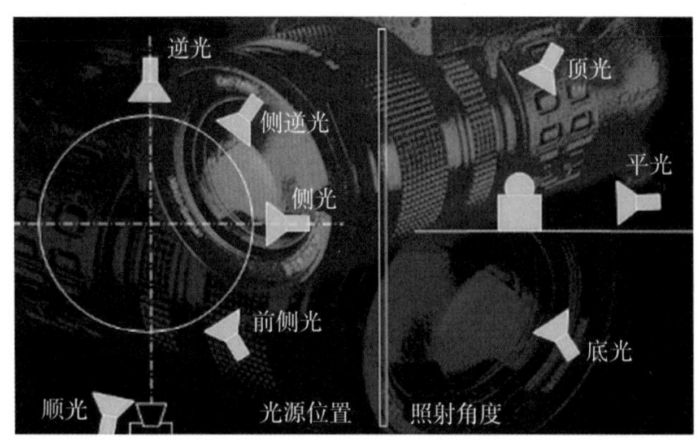

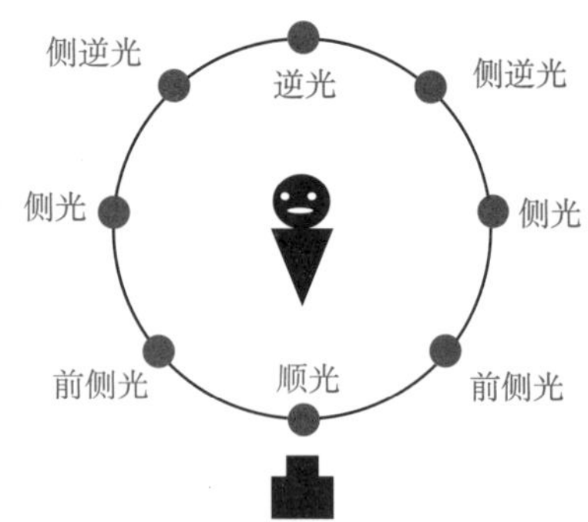

图 10-1　光的方向

1）顺光。从相机方向照射到被摄对象上的光线称为顺光（正面光）。顺光可使画面充满均匀的光亮，能很好地再现物体的色彩，适宜拍摄明快、清雅的画面；但画面影调较为平淡，被摄对象的立体感和空间感不强。顺光的表现效果如图 10-2 所示。

2）前侧光。前侧光是指从与拍摄轴线成 45° 左右位置照射的光线。前侧光照明下，被摄对象有明显受光面、背光面和投影，被摄对象的立体感、轮廓形态和质感细节的表现都较好。因此，前侧光是一种主要的造型光，广泛地应用在各种题材的拍摄中。前侧光的表现效果如图 10-3 所示。

图 10-2　顺光的表现效果

图 10-3　前侧光的表现效果

3）侧光。侧光是指从与拍摄轴线成 90° 左右位置照射的光线。侧光照明下，被摄对象一半亮一半暗，明暗对比强烈，被摄对象表面的高低起伏很明显，立体感很强；但侧光会造成左右亮暗区别，往往带来高反差和浓重阴影，易产生粗糙感和生硬感。侧光的表现效果如图 10–4 所示。

4）侧逆光。侧逆光是指从相机前方、被摄对象背后一侧照射的光线。侧逆光照明下，被摄对象正面大部分都处于阴影中，色彩和层次细节都不好；但局部轮廓光照明显，是拍摄剪影、半剪影作品的理想光线，对表现景物轮廓特征、区别物体与背景比较有利，画面的空间感很强。侧逆光的表现效果如图 10–5 所示。

图 10–4　侧光的表现效果

图 10–5　侧逆光的表现效果

5）逆光。逆光是指从相机正前方、被摄对象正后方照射的光线。逆光照明下，被摄对象只有边缘部分被照亮，形成轮廓光或剪影效果，对表现景物的轮廓特征及把物体与物体、物体与背景区别开来都极为有效。逆光拍摄时，如果背景比较暗，被摄对象周围能形成光环，使被摄对象从背景中分离出来，显得醒目突出；一些半透明物体，如丝绸、植物的叶子、花瓣等在逆光照射下会产生很好的质感。逆光的表现效果如图 10–6 所示。

（4）光的高度。光的高度是指光源距离地面垂直高度的变化，从底光、低位光、中位光、高位光到顶光，都会影响影像造型的效果，如图 10–7 所示。

1）底光。底光是指从被摄对象底部垂直向上投射的光。这种光大都用在静物广告摄影中，舞台上也较多见，作为无投影照明或表现底面背景光感的造型光，特殊而有趣。

图 10-6　逆光的表现效果

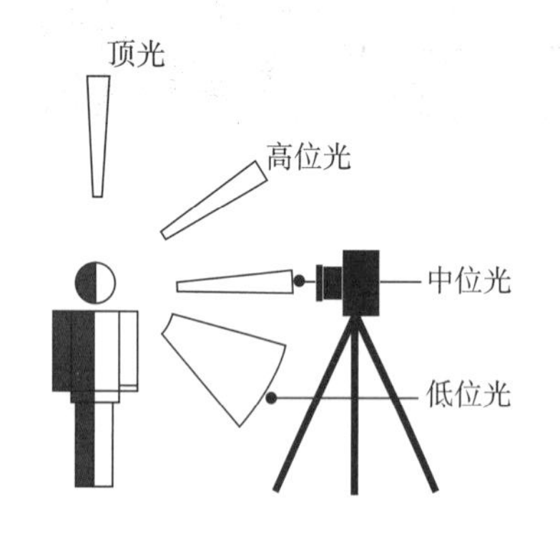

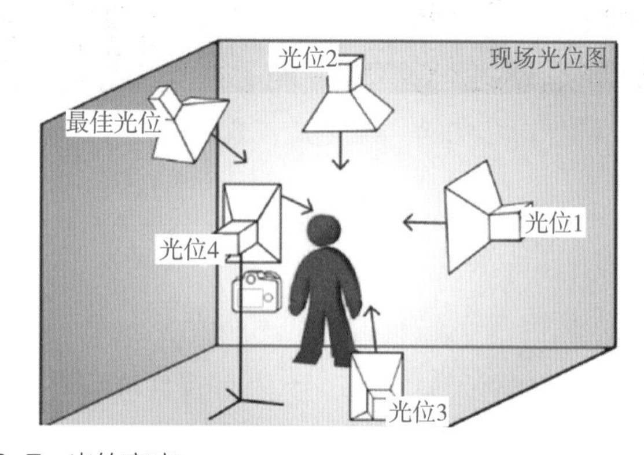

图 10-7　光的高度

2）低位光。低位光又称脚光，在视平线以下约 40°，向上照射，就像早晚的阳光。在风光摄影中，低位光适合表现清晨和傍晚的美丽景象。低位光拍摄人像会产生反常的效果，若巧妙应用也可获得精彩的画面，因此，低位光在广告和人像摄影中也比较常见。

3）中位光。中位光又称水平光，光源从被摄对象中部高度的位置水平投射光线，照明均匀而充足，色彩再现效果好。中位顺光在人像摄影中常作为辅助光使用。

4）高位光。高位光是高于视平线45°左右照明的光线，在被摄对象斜上方投射，光量大而强，被摄对象轮廓分明且有纵深明暗变化。高位光与上午、下午阳光照射角度相似，符合人们的日常视觉感受，是摄影中最常见、最主要的照明光位。

5）顶光。顶光是从被摄对象顶部上方向下投射的光，被摄对象的顶部很亮，垂直面凹陷部位较暗，物体的投影短小或几乎消失。摄影中大多将顶光作为辅助光描画轮廓边缘，在风光、建筑等题材摄影中有时将顶光作为拍摄主光。

二、自然光

自然光主要指由太阳光和天空光所构成的光，具有亮度高，照明均匀广大，照射时间长等特点。从照明角度看，自然光可分为无云的直射光和多云的散射光。

1. 直射光

没有被云雾遮挡的太阳光是典型的直射光，其亮度高、光质硬，能使被摄对象形成明显的受光面、背光面和投影。

根据其光线变化，典型的阳光天气可分为日出和日落时间段、上午和下午时间段、中午时间段。

日出和日落时间段光线偏红，有冷暖对比；而上午和下午时间段的光线在摄影中运用最为广泛，拍摄人物、建筑和风光都很适宜，画面清晰明朗、反差适中、层次丰富、色彩真实，立体感和空间感都能得到较好的表现；中午时间段光线强且垂直照射下来，物体顶部很亮，其他部位较暗，明暗反差大，投影很短。中午时间段使用顶光拍摄人像会形成“骷髅状”效果，一般不适宜拍摄，但运用得当又可成为一种特色，得到富有表现力的画面。

2. 散射光

散射光为发光面积较大的光源发出的光线。散射光较软，受光面和背光面过渡柔和，没有明显的投影；照射面积大、亮度弱，光线均匀而没有明显的方向性，物体明暗反差小，质感和色彩感都不明显。散射光下拍摄的画面，影像的色彩、立体感、清晰度都比较差，光线平淡柔和。

依天气状况和具体环境的不同，散射光亮度、反差、色温也不同，主要有清晨与黄昏、薄云天、阴雨天、晴天阴影等类型。

（1）清晨与黄昏。清晨（日出之前）与黄昏（日落之后）的散射光，光线朦胧柔和，色温变化快，拍摄出来的彩色照片有的偏冷调而清新淡雅，有的偏暖调而色彩厚重饱和，如图 10–8、图 10–9 所示。

图 10–8　美丽清晨拍摄的照片示例

图 10–9　美丽黄昏拍摄的照片示例

（2）薄云天。薄云天是直射阳光经过薄云层柔化后所形成的天气现象。薄云天的阳光由硬光变成软光，具有一定的方向性和较大的亮度，有利于表现拍摄对象的立体感、质感和层次。薄云天的色温基本保持日光色温，拍摄彩色照片不会产生偏色，是拍摄人像、服装、花草以及翻拍字画的理想光线。薄云天拍摄的照片如图 10–10 所示。

图 10–10　薄云天拍摄的照片示例

（3）阴雨天。阴雨天是阴天伴随小雨的天气现象。阴雨天光照度降低，拍摄对象显得平淡，缺乏阴影和反差，使拍摄的照片晦暗、不明朗，色彩偏蓝紫色。如果追求柔和、忧郁的气氛，就可用阴天漫射光线；雨天的光照更弱，画面的色彩偏蓝色更多，尤其是能见度很低，因此不适宜拍摄场面较大的景物。阴雨天拍摄的照片如图 10–11 所示。

图 10–11　阴雨天拍摄的照片示例

（4）晴天阴影。如建筑物的阴影下、树荫下、帐篷和阳伞下，拍摄对象主要由天空光和环境反射光照明，有一定的方向性。晴天阴影的光线效果和所拍摄画面的色彩，大体上介于阴雨天和薄云天之间，经常出现斑驳的光影，如图 10-12 所示。

图 10-12　晴天阴影拍摄的照片示例

三、人工光

人工光是利用灯具所产生的光。在拍摄过程中，合理地利用人工光，可以拍摄出令人惊叹的照片。

1. 夜景光线

夜景光线是人工灯具所散发出来的光线形成的夜间景观，如城市街景、建筑、橱窗广告以及山川河流、乡村农舍灯光灯饰所构成的夜间景观。

夜间光线光源小而多，明暗悬殊，亮度易随距离远近急剧变化。多类型的灯光带来的光色不同，拍摄出的照片效果也不同。

2. 灯具

灯具根据大小和便携程度，可分为大型灯具和轻便型灯具。大型灯具主要用于室内的专业摄影和影视摄影，轻便型灯具则适用于各种场合。

根据光源发出的光线性质，可分为聚光灯具和散光灯具。聚光灯具发出的光线属于硬光，散光灯具发出的光线属于软光，在造型表现上具有不同的效果。

根据照明光线是否连续，可分为以闪光灯为代表的瞬间光灯具和以石英卤钨灯为代表的连续光灯具。

在室内专业摄影中，人工照明灯具被分为闪光灯具和连续光灯具最为常见。

灯具主要由灯头、闪光灯管、造型灯、电容、控制系统和电源等部件构成。

连续光灯具是我们最先接触也比较熟悉的人工光源，如白炽灯、日光灯、石英灯、冷光灯、聚光灯等，是影视摄影照明的主要光源，如图 10–13 所示。

图 10–13　连续光灯具

闪光灯附件主要有反光罩、反光伞、柔光罩、锥形聚光罩、蜂巢导光罩、扩散滤光片、活动遮光挡板、支架与导轨等。利用附件可获得不同的照明效果。图 10–14 中展示了部分闪光灯附件。

a）反光伞

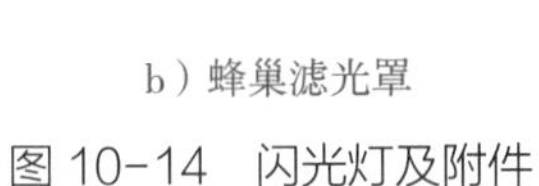

b）蜂巢滤光罩

c）支架与导轨

图 10–14　闪光灯及附件

3. 人工光光线类型

人工光光线主要有主光、辅光、轮廓光、背景光、修饰光五种类型。

（1）主光。主光是表现主体造型的光线，用来照亮拍摄对象最有特点的部位，塑造被摄对象的基本形态和外形结构，吸引观众的注意力。主光不一定是最强的光，但起着主导作用，突出了物体的主要特征，其他光的配置都是在主光的基础上进行的。

主光的左右位置及高低远近，会使拍摄对象的形态各不相同。从顺光位到侧光位或侧逆光位均可用作主光，拍摄中应根据拍摄对象的轮廓、质感、立体感和画面明暗影调的表现需要来决定。置于前侧光位置的主光如图 10-15 所示。

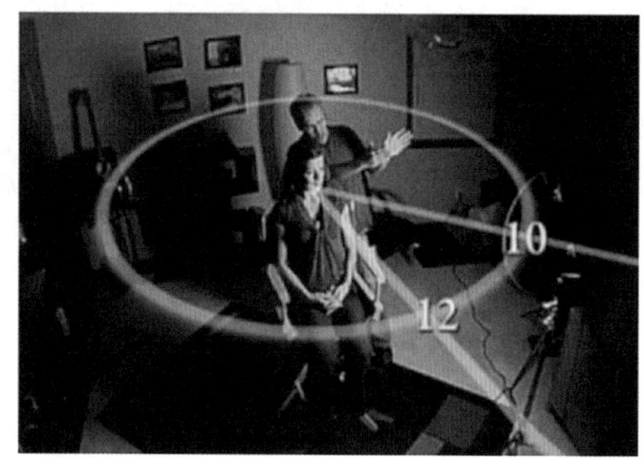

图 10-15　置于前侧光位置的主光

（2）辅光。辅光是用来补充主光照明不足的光，可提高暗部的亮度，减弱拍摄对象的明暗反差，产生细腻丰富的中间层次和质感，起辅助造型的作用。辅光的强弱变化可以改变影像的反差，形成不同的气氛，一般主光和辅光的亮度差（光比）在 4∶1 到 3∶1 之间。

辅光灯一般放在相机旁，亮度低于主光，从正面辅助照明拍摄对象，如图 10-16 所示。如果辅光的亮度超过主光或与主光相等，就会破坏画面主光的造型效果，导致拍摄对象表面出现双影或缺乏立体感。

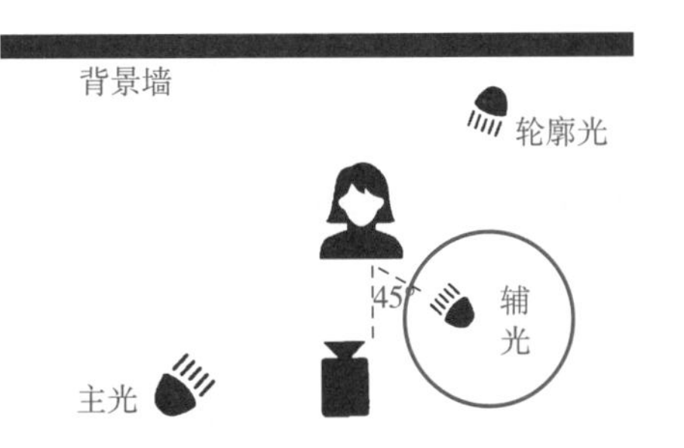

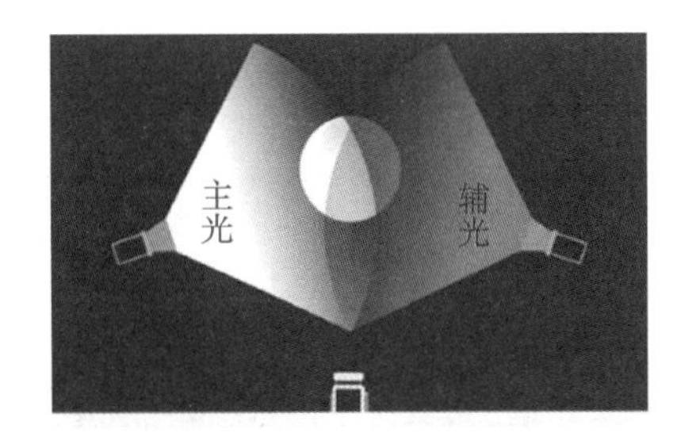

图 10-16　辅光布置

（3）轮廓光。轮廓光一般采用硬朗的直射光，从侧逆光或逆光方向照射拍摄对象，形成明亮的边缘和轮廓形状，从而将物体与物体、物体与背景彼此分开，增强画面的空间深度。

轮廓光通常是画面中最亮的光，要防止它射到镜头上而出现眩光，使画面质量下降。眩光作品如图 10–17 所示。

图 10-17　眩光作品示例

（4）背景光。背景光是照亮拍摄对象背景的光线，可以消除拍摄对象在背景上的投影，使主体与背景分开，描绘出环境气氛和背景深度。背景光的亮度决定了画面的基调，暗背景会使画面凸显肃穆、沉静、阴郁的气氛，如图 10–18 所示；亮背景则使画面凸显平和、轻松、明朗的气氛，如图 10–19 所示。

（5）装饰光。装饰光也称修饰光，用来弥补照明缺陷，突出拍摄对象细部造型和质感，如眼神光、发光和局部死角照明光等，使造型达到完美的效果。使用装饰光应精确恰当、布光合理，与整体环境协调吻合。装饰光作品如图 10-20 所示。

图 10-18　暗背景作品示例

图 10-19　亮背景作品示例

图 10-20　装饰光作品示例

4. 光比

光比是两种人工光之间的亮度差，用于描述拍摄对象亮部和暗部的受光量比例。光比影响着画面的明暗反差、细部层次和色彩再现，明暗之间的正常光比一般为 1 ∶ 3 左右。

光比小，拍摄对象亮部与暗部的反差小，容易表现出物体的丰富层次和色彩；光比过小，则影调过于平淡，立体感也较差；光比过大，物体亮部和暗部的反差大，影调生硬，且亮部和暗部的色彩难以兼顾，细部层次也有损失。不同光比效果，如图 10–21 所示。

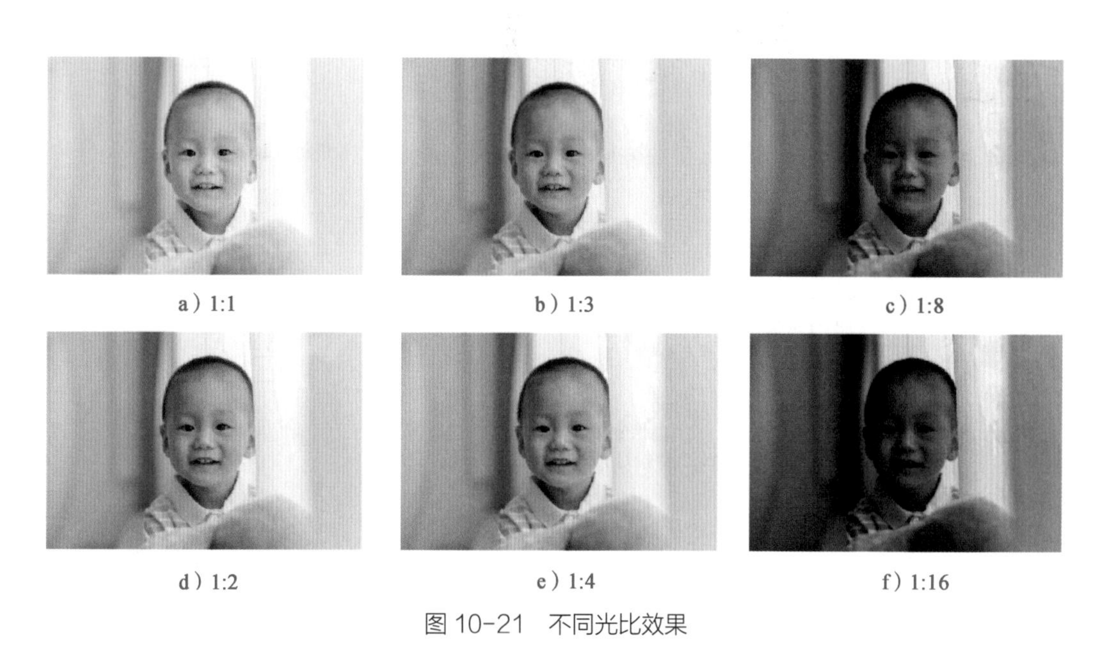

a）1:1　b）1:3　c）1:8

d）1:2　e）1:4　f）1:16

图 10–21　不同光比效果

5. 人工光常用布光方法

人工光布光方法主要有基本布光法、暗调布光法、亮调布光法。

（1）基本布光法。基本布光法是最基本、最常用的传统布光方法，适用于各种题材，拍摄各种人像（正面像或侧面像）都比较简易适用。

布光方法：主光从相机一侧稍高的位置与拍摄轴线成 45° 左右照射拍摄对象，对象大部分被照亮，有少量阴影区；辅光从相机位置投向拍摄对象，用于减弱拍摄对象阴影；主光与辅光的光比一般控制在 3∶1 左右，背景的亮度处于主光与辅光之间。在这种布光下，拍摄对象影调明快，反差适中，具有较好的质感、层次和立体感。根据需要可以使用单灯、双灯、三灯、多灯进行人工布光，如图 10–22 至图 10–25 所示。

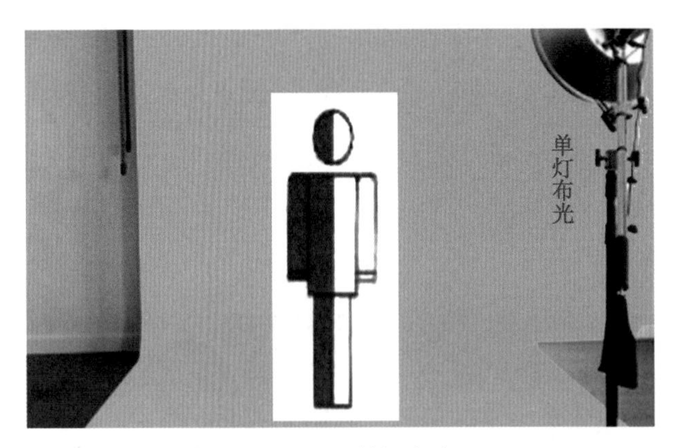

图 10–22　单灯布光

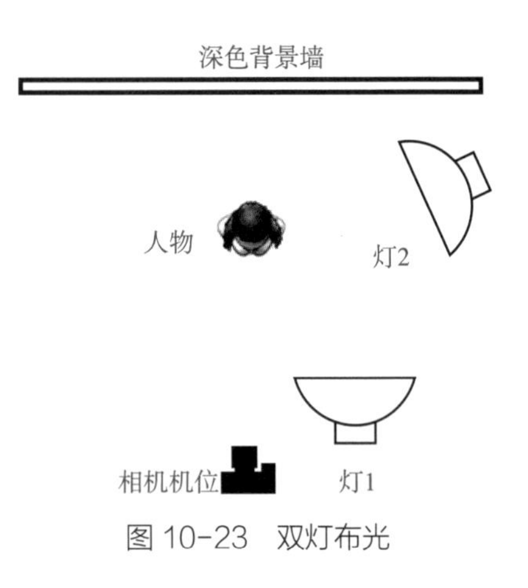

图 10–23　双灯布光

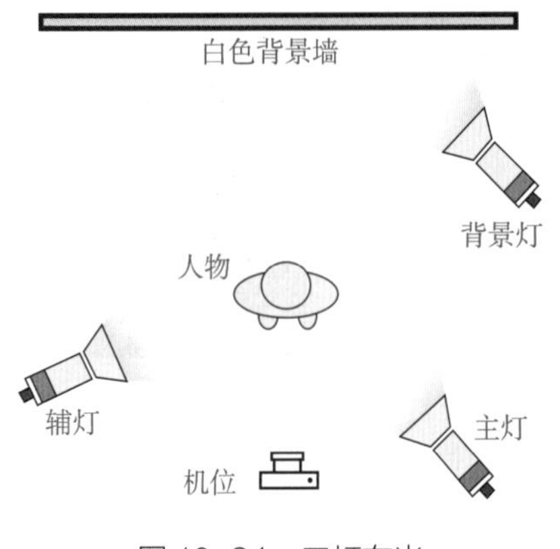

图 10–24　三灯布光

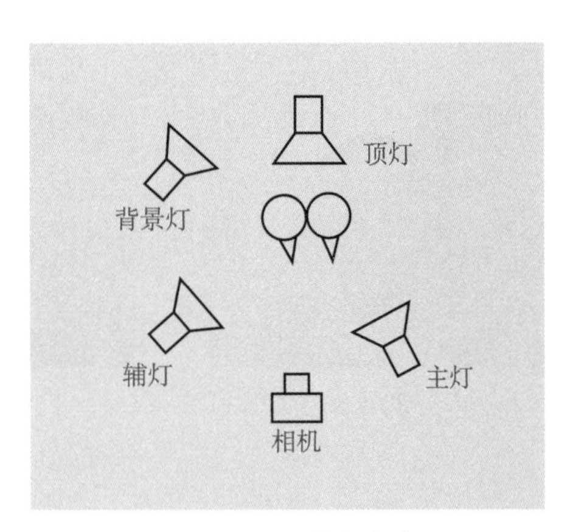

图 10–25　多灯布光

（2）暗调布光法。暗调布光法是在基本布光法基础上，将背景改为浅色或白色，用光照亮边缘影调较深的部位，以尽量减少阴影和投影，同时控制曝光过度两级半左右，使影调浅淡而明快。在布光时，一般采用白色背景，主光源采用逆光，从物体的后方进行投射照明，拍摄透光物体时中间呈白色，而边缘是暗色线条。

（3）亮调布光法。亮调布光法是用一盏主灯布置在侧逆光或侧光方位，勾画照亮拍摄对象的主要轮廓，使拍摄对象正面大部分处于阴影区，同时用辅光对拍摄对象正面进行照明，以表现出一定的层次细节，光比控制在 1∶4～1∶9。亮调布光需要使用深色的背景（一般为黑色背景），光线为逆光，从物体的背后投射过来，拍摄透光物体时中间呈现暗色，而轮廓边缘线呈亮色，如图 10-26 所示。

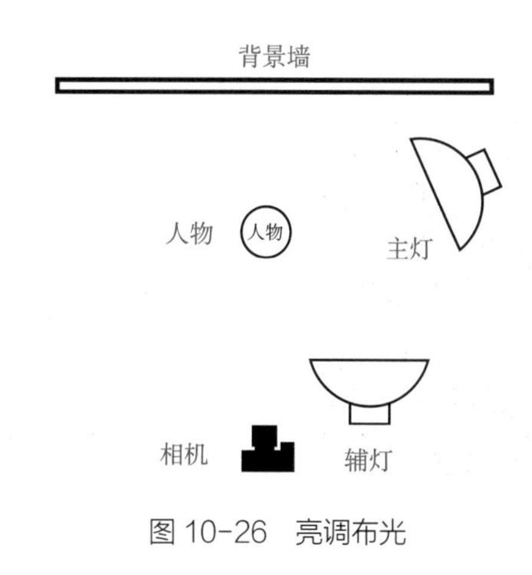

图 10-26　亮调布光

任务十一　构图

一、构图

构图是创作者为了表现某一主题思想和美感，在一个画面中对拍摄对象进行结构布局和造型处理，把人、景、物安排在画面当中，以获得最佳布局的方法。构图可以依据人的视觉习惯，在画面上以点、线、面（明、暗、色彩）合理安排出主体和陪体之间的关系，从而突出主体，增强艺术效果和感染力，表达出主体的情绪和思想。

常用的构图有变化式构图、对角线构图、水平线构图、对称式构图、S 形构图。

1. 变化式构图

变化式构图把拍摄对象故意安排在某一角或某一边，如图 11-1 所示。变化式构图能给人以思考和想象空间，并留下进一步判断的余地，富有韵味和情趣，常用于山水小景、体育运动、艺术摄影、幽默照片等。

图 11-1　变化式构图作品示例

2. 对角线构图

对角线构图是以对角线为基准安排拍摄对象的构图，如图 11-2 所示。对角线构图能给人以满足的感觉，画面完美无缺、安排巧妙，对应而平衡，常用于月夜、水面、夜景、新闻等题材。

图 11-2　对角线构图作品示例

3. 水平线构图

水平线构图是以水平线为基准安排拍摄对象的构图，如图 11–3 所示。水平线构图具有平静、安宁、舒适、稳定等特点，常用于表现一平如镜的湖面、微波荡漾的水面、一望无际的平川、广阔平坦的原野或大草原等。

图 11-3　水平线构图作品示例

4. 对称式构图

对称式构图是以对称线为基准安排拍摄对象的构图，如图 11–4 所示。对称式构图具有平衡、稳定、相对应的特点，常用于表现对称的物体、建筑以及有特殊风格的物体等。这类构图的缺点是缺少变化，比较呆板。

图 11-4　对称式构图作品示例

5. S 形构图

S 形构图是画面上的景物呈 S 形曲线的构图，如图 11–5 所示。S 形构图具有延长、变化的特点，看上去有韵律感，产生优美、雅致、协调的感觉，常用于拍摄河流、溪水、曲径、小路等。

图 11–5　S 形构图作品示例

二、构图要素

构图要素主要有景别、方向高度、画面主次分配。

1. 景别

景别指被摄对象在画面中的大小比例，也就是拍摄范围的大小，一般分为远景、全景、中景、近景和特写。

（1）远景。远景，即远距离拍摄对象，其画面视野广阔，包括的景物范围大，主要用来表现景物的整体气势和总体氛围，如山川河流、原野草原等自然景物或场面。图 11–6 所示为远景作品。

（2）全景。全景以表现拍摄对象的全貌和大环境面貌为目的，拍摄对象一般为高山，也可以是建筑、人物或植物，突出拍摄对象的整体感和其全身的行为动作及其与环境的关系。图 11–7 所示为全景作品。

（3）中景。中景只包含拍摄对象某一局部范围，用于拍摄人物时摄取人物膝盖以上的部分。这种拍摄方式善于表现人物之间的交流、事件的矛盾冲突，大多用于表现情节和动作，对于环境的表现相对弱化。图 11-8 所示为人物中景作品。

图 11-6　远景作品示例

图 11-7　全景作品示例

图 11-8　人物中景作品示例

（4）近景。通常情况下近景的范围很小，主要表现人物或物体的局部。近景能突出表现场景，并将有关细节和质感特征交代清楚，但环境表现所占的分量很弱。图 11–9 所示为近景作品。

（5）特写。特写的拍摄范围比近景更小，通常只包含拍摄对象很小的部分，如人的脸、植物的花朵等。特写中景物比较单一，但表现力很强，可用来表现拍摄对象的重点细节。图 11–10 所示为特写作品。

图 11–9　近景作品示例

图 11–10　特写作品示例

景别主要由镜头焦距和拍摄距离决定。镜头焦距相同的条件下，景别大小由拍摄距离的远近决定，相机离拍摄对象越近，景别越小；离拍摄对象越远，景别越大。距离相同的条件下，景别大小由镜头焦距的大小决定，镜头焦距越小，景别越大；镜头焦距越大，景别越小。

景别的选择取决于拍摄者的拍摄意图，若想表现大气势或大场面的画面，可选择远景和全景，完整地表现对象，从宏观表达空间环境；若是想进一步表现某个主体，可采用中景；当需要突出表现景物的局部细节或生动情节时，可以拍摄近景或特写的画面，画面范围相对小，但能放大形象，因此要对进入画面的各种影像进行仔细推敲，精益求精。

2. 方向、高度

任何一个物体都是立体的，有高度、宽度和深度，拍摄时方向、高度的不同，造就了不同的造型特点和造型效果。正面拍摄、侧面拍摄、背面拍摄、高角度拍摄、平角度拍摄、低角度拍摄具有不同的造型特点。

（1）正面拍摄。正面拍摄是指相机正对并拍摄景物正面。正面拍摄的优点是构图结构和谐对称，不足是拍摄画面容易呆板。

（2）侧面拍摄。侧面拍摄是指相机侧对并拍摄景物侧面。侧面形态具有轮廓分明、空间感明显、外形变化多样的特点，因而采用侧面拍摄常常可以获得富有形态特征魅力的画面，许多摄影师以此来捕捉少女的曲线美、体操运动员的形体动作等。

（3）背面拍摄。背面拍摄是指相机从景物背面拍摄。背面拍摄可表达神秘，深沉等情绪，有时会有令人意想不到的效果。

（4）高角度拍摄。高角度拍摄是从高处向低处俯拍，拍摄点高于拍摄对象。俯拍角度越高，地平线就越接近画面上方，直至消失。高角度拍摄能更好地表现景物的空间环境，用周围环境做铺陈，交代环境气氛，还能很好地增加前后景物之间的纵深感，并巧妙地躲开前景中的障碍物。

（5）平角度拍摄。平角度拍摄就是从正常高度平拍，即拍摄点与拍摄对象在同一水平线上。平角度是最常用的拍摄高度，它与人眼视觉感相同，给人一种亲切、自然的感受，对景物的正常表现非常有利，如人像证件照。平角度拍摄中拍摄对象的前后景物都处于同一水平线，对空间纵深感的表现不利，因此拍摄时相机与被摄对象之间应避免被干扰物遮挡。

（6）低角度拍摄。低角度拍摄就是从低处向高处仰拍，即拍摄点低于拍摄对象。若拍摄高大的建筑或人物，向上仰拍带来的透视变形会产生夸张的视觉效果，增添画面的张力，也有利于突出人物的性格，带来一种崇高、敬畏的感觉。与俯拍相反的是，在低角度拍摄时，地平线会随着仰拍角度的增大而更加接近画面下方直至消失，天空被作为干净的背景。

3. 画面主次分配

画面主次分配指由主体、陪体之间的相互关系不同得到的不同效果。

（1）主体。主体是摄影画面中的主角，用来表达主题思想和揭示事物本质。主体既是表达内容的中心，又是摄影构图的结构中心、视觉中心和趣味中心，可以由它来决定摄影画面的长宽比例和空间分配，以及摄影画面的色彩、影调、虚实等处理。如图 11–11 所示，花和猕猴桃就是图中画面的主体。

图 11–11　主体示例

一般来说，摄影时应根据主体的形态主线来选择画幅的横竖，如竖立高耸的主体对象适合选用竖画幅，而横向宽广的主体对象则应选用横画幅。另外，还可根据主体的运动趋势选择画幅的横竖，如为上升下降的对象选用竖画幅可以将主体和空间环境交代清楚，若主体横向运动时则多选用横画幅。

（2）陪体。陪体是摄影画面中的配角，主要对主体起烘托、陪衬、美化和补充的作用，使主体的表现更为充分。陪体也是画面构成中不可缺少的组成部分，其范围很广，可大可小，除了主体以外的一切有价值的对象都可以称为陪体，周围环境（前景和背景）也是陪体。图 11–12 所示为环境陪体作品。

陪体通常不直接揭示主题，而通过交代事物、事件存在和发生的时间、空间来衬托主体形象，使主体形象成为摄影画面中绝对的主人。陪体还可以营造画面氛围和意境，摄影师常常通过对陪体的加工处理，来增强画面的形式美。

（3）主体与陪体的关系。主体在构图中统揽全局，与陪体和环境组合共同完

图 11-12　环境陪体作品示例

成画面。在具体画面中，主体的美化突出与陪体的呼应协调是通过不同的形式和方法来实现的，归纳起来主要有直接突出主体、对比衬托主体、动静对比、影调对比四种。

1）直接突出主体。直接突出主体就是给予拍摄主体最突出的地位，如最大的面积、最佳的位置、最好的形状，使主体的形态和质感都得到最完美的表现，从而在画面中具有最强的视觉冲击力，能够得到最大关注。图 11–13 所示为直接突出主体作品。

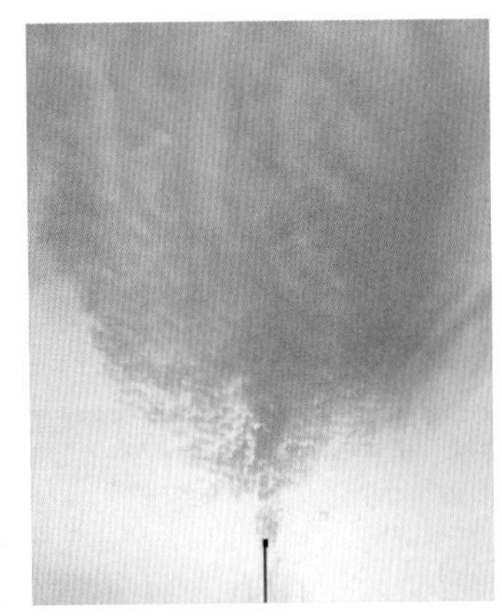

图 11-13　直接突出主体作品示例

2）对比衬托主体。由于视觉汇聚的效应，最中心的物体往往是最引人注目的。在画面中心点安排主体会将内容上的趣味中心与构成上的结构中心合二为一，主体自然成为观看者的视觉中心，有超强的稳定性。图 11–14 所示为对比衬托主体作品。

图 11-14　对比衬托主体作品示例

3）动静对比。在同一个画面内，具备动态、动势的景物和稳定、平静的景物在一起，就会产生动与静的对比。抓住景物之间运动与静止的差异，就能更好地强调画面中的运动感，使主体在动或静的衬托下更加突出。图 11-15 所示为动静对比作品。

图 11-15　动静对比作品示例

4）影调对比。无论是彩色照片还是黑白照片，它们的图像都是由不同明暗层次的影调组成的，明与暗之间可以形成影调的对比关系，对突出主体对象具有明显的作用。图 11-16 所示为影调对比作品。

图 11-16　影调对比作品示例

4. 环境

环境是指在画面中主体周围的各种景和物（包括人物），既是表达作品内容的重要组成部分，又起着衬托主体的作用。环境能够说明主体所处的环境空间，体现抒情创意，增强作品的艺术感染力。图 11–17 所示为环境衬托主体的作品。

图 11–17　环境衬托主体的作品示例

根据空间距离可将景物环境分成前、中、后三个层次，反映到摄影画面内即为前景、主体和后景三个不同的空间要素。以下主要介绍前景和后景。

（1）前景。前景是指处于画面主体与拍摄者之间的一切景物，处在画面影像最前方的位置。

前景可以增加画面的装饰美感和纵深感，具有揭示作品主题和交代时间、地域特征的作用。主动选取有形式美结构的景物担任前景，既可以美化、点缀画面，又可以增强环境空间感。图 11–18 所示为前景作品。

图 11–18　前景作品示例

（2）后景。后景是指处于主体位置后面的景物，用以说明主体周围的环境，营造画面纵深层次和情绪氛围。

好的后景应有内涵，可以突出主体，使拍摄出的画面敞亮而美丽，同时充满豪迈意境。图 11-19 所示为后景作品。

图 11-19　后景作品示例

三、摄影构图的特性

摄影构图既要从整体的造型效果入手，研究可以调整和控制的构成元素，又要站在宏观、全局的高度分析，以便拍摄出富有特色的画面风格。构图的特性主要体现在多样性统一和均衡性对比两个方面。

1. 多样性统一

多样性统一是构图时使景物在画面里成为有机统一的整体，在保证构成元素集中统一的前提下实现画面的丰富多样，达到多样性统一。

多样性统一贯穿在摄影师的每幅作品中，包含了构图中实在的和虚无的因素，直接的和间接的对象。如应用对比时，大与小、明与暗、直与曲、虚与实等，都需要在强调对比的同时保证集中统一，否则就会导致主体与陪体的混乱不清。

2. 均衡性对比

均衡性是指作品的结构要相对匀称平衡，对比是指在不同对象的相互比较中，突出要注意的对象，而均衡性对比就是要在对比的变化中求得构图和内容的和谐统一。均衡性即对称性，具有对称性的房屋、家具、人体和飞机等，会让人感到稳定、安全。这种心理感受反映到绘画、摄影中，就是画面构成上应遵从均衡的重要原则。均衡是画面中拍摄对象（主体与陪体）之间具有形式上或心理上的对等平衡关系，使画面在总体布局上具有明显的稳定性。均衡又有对称式均衡与不对称式均衡之分，既可以是天平式的对称布局，也可以是中国秤式的不对称布局，只要在内容情节和视觉心理两个方面令观众感到均衡适当即可。对比处处存在，如大小对比，没有大就显不出小；高低对比，没有高就显不出低；黑白对比，没有黑就显不出白；虚实对比，没有实就显不出虚；冷暖色对比，没有暖色就显不出冷色等。总之，摄影构图要利用一切差异现象，使摄影画面形成对比，从而产生审美效应。图 11-20 所示为均衡性对比作品。

图 11-20　均衡性对比作品示例

（1）对称式均衡。对称式均衡指处在对称轴线两边的力和量、形和距离完全相同的最简单、最稳定的均衡，是一种最明显、最自然的对称，以画面中心十字线为轴，物体成像左右均等、上下相同，具有庄重大方、工整协调的优点，不足之处是画面容易呆板，不够活泼。图 11-21 所示为对称式均衡作品。对称构图拍摄起来简单易行，只要找到拍摄对象的对称形态面就可以完成拍摄。对称式构图并非两边完全一样，只要有七八成就足矣。常规肖像构图总是把人物放在画面中心，形成金字塔式的对称结构，给人以严肃有余、活泼不足的沉闷感。

（2）不对称式均衡。不对称式均衡指处在对称轴线两边的力和量、形和距离在形式和内容上是不同的，但可以通过利用摄影对象组合的疏密、高低、远近、虚实、花色深浅、质地粗细等，来达到心理和视觉上的均衡。利用不对称式均衡构图拍摄的作品既能打破对称式均衡构图的呆板，又能保持画面的视觉稳定，生动活泼、灵活多变，更具有自然、飘逸和神秘感。图 11–22 所示为不对称式均衡作品。

图 11–21　对称式均衡作品示例

图 11–22　不对称式均衡作品示例

四、基调

基调是指作品整体上以某个主要影调或色调为主导的构图安排，可以是黑白灰的影调分布，也可以是红绿蓝的色调安排，共同构成画面主要的基调，以及这种基调所烘托的情感气氛。

基调不仅会产生强烈的艺术感染力，还对提高作品构图的完整性、统一性有极大的好处。如高调常以明亮的白色影调为主，画面中只有少量影像是深色的，给人以纯洁、高雅的感觉；低调则常以昏暗的黑色影调为主，画面中只有少量影像呈亮色，给人以深沉、压抑的感觉。此外还有冷调、暖调、硬调、柔调等基调。利用不同基调进行构图，可以获得丰富多彩的作品。

从构图上看，基调是非常有用的构图技法，能将客观现场的杂乱消化，使主体、陪体与环境统一起来，在艺术上浑然一体，在一个新的基础上展现充满情调的内容。

基调从影调上分为中间调、低调（暗调）、高调（亮调）；从色调上分为冷调、暖调和正常调；按画面的主要影调和色彩趋向来分，如绿调、蓝调、黑白调，其中黑白调（中间调、低调、高调）是其他分法的基础，是视觉明暗关系的体现和代表。色调转化关系如图 11–23 所示。

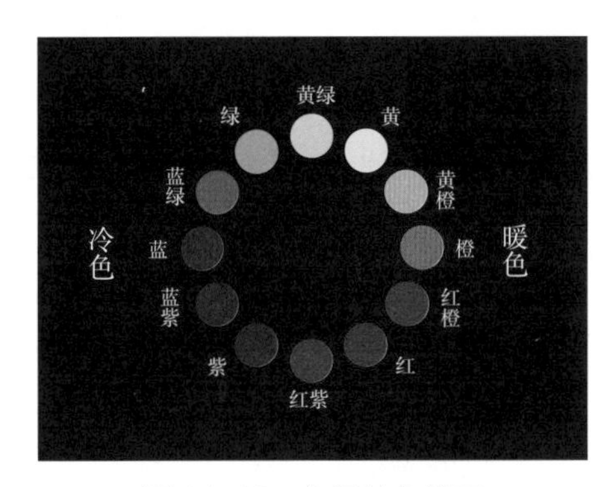

图 11–23 色调转化关系

中间调是使用率最高的画面基调，也最适合表现各种正常的影像效果。中间调的画面主要由中间影调或色调的景物影像构成，具有结构分明、层次丰富、色彩正常等特点，给人真实客观、大方明快的感受。拍摄中间调首先要选择明暗和色彩适中的、正常的景物，在用光上，也要保证精准到位。能做到上述几点，就可以比较顺利地获得中间调作品。

任务十二　曝光

曝光是摄影的基础，指获得一种潜在或可见图像的过程，图像质量的高低与曝光有直接关系。曝光与光圈、快门、感光度三者之间关系密切，因此光圈、快门、感光度又称为曝光三要素。

一、光圈

光圈是一个用来控制光线透过镜头，进入机身内感光面光量的装置，也就是镜头中控制孔径大小的组件。对于已经制造好的镜头，镜头的直径是固定的，镜头内部可变的是孔状光栅（孔径），通过调整孔状光栅来达到控制镜头通光量的装置就叫做光圈。

光圈大小用 f 数表示，与 f 数大小成反比，光圈越大，f 数越小；光圈越小，f 数越大。光圈与 f 数的关系如图 12–1 所示。

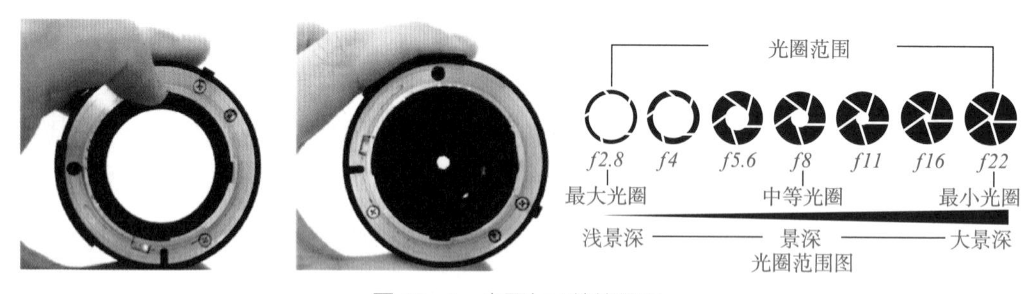

图 12–1　光圈与 f 数的关系

光圈的大小可以直接影响景深。光圈越小，画面通光速率越小，景深越大，照片里的景物，无论远近，大部分都是清晰的；光圈越大，画面通光速率越大，景深越小，照片中只有一部分画面是清晰的，其他画面呈现出一种虚化的效果。光圈与景深的关系如图 12–2 所示。不同光圈下的景深效果（背景虚化程度）如图 12–3 所示。

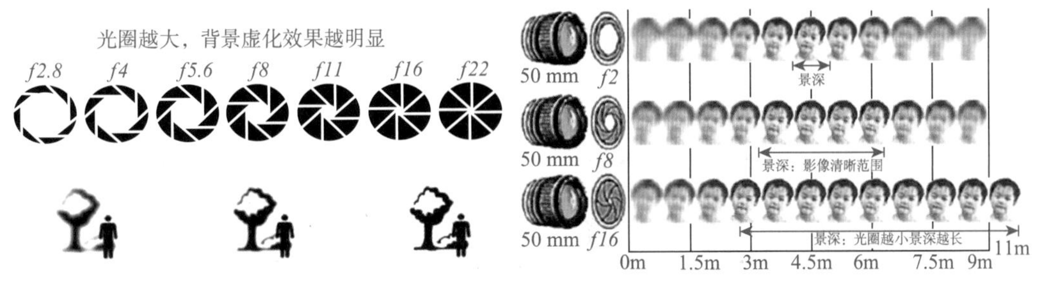

图 12–2　光圈与景深的关系

图 12–3　不同光圈下的景深效果

光圈越大，背景虚化越大；光圈越小，背景虚化越小。

二、快门

快门是相机用来控制感光片有效曝光时间的装置，即控制曝光的进光量的闸门。

1. 快门速度

快门速度是控制曝光时间的长短，快门速度越快，曝光时间越短；快门速度越慢，曝光时间越长。如果拍摄时光线充足，需要的曝光时间就比较短，快门速度比较快；反之，拍摄时光线不充足，需要的曝光时间就比较长，快门速度比较慢。快门速度与曝光时间的关系如图 12-4 所示。

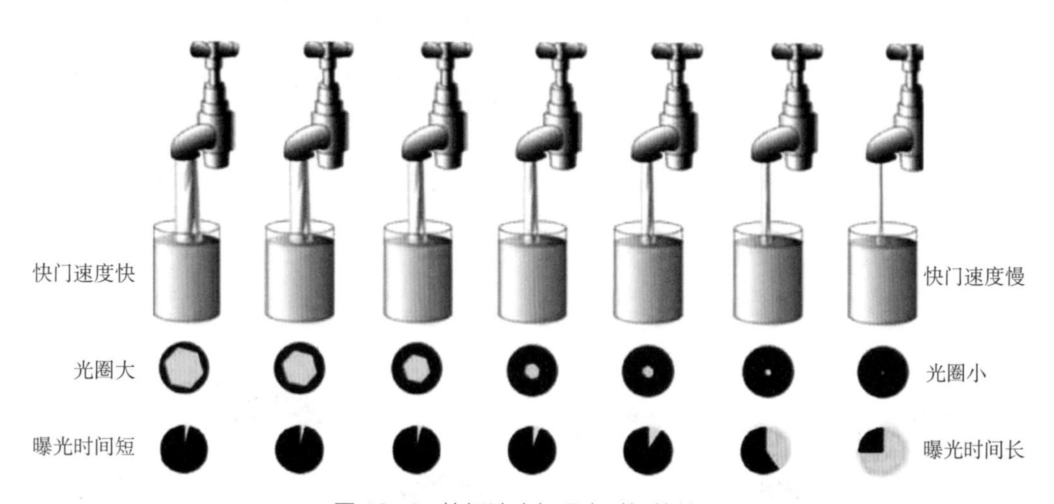

图 12-4　快门速度与曝光时间的关系

2. 快门类型

快门分为高速快门、慢快门、安全快门三类。快门速度大于 1/30 s 的，就是慢快门；快门速度在 1/60 ~ 1/30 s 的，就是安全快门；快门速度小于 1/250 s 的，就是高速快门；快门速度小于 1/2 000 s 的，就是很高的高速快门。不同的快门速度适用不同的拍摄场景和拍摄对象，快门速度与拍摄对象的关系如图 12-5 所示。快门触发后的工作过程，如图 12-6 所示。

（1）高速快门。高速快门常用于抓拍运动物体的精彩瞬间，如抓拍树叶掉落瞬间、正在追逐嬉戏的孩子、高速运动物体（飞鸟、汽车）等。高速快门拍摄的水滴滴落的瞬间如图 12-7 所示。

快门速度	大于1/30 s	1/30 s	1/60 s	1/125 s	1/250 s	1/500 s	1/1 000 s	1/2 000 s	1/4 000 s
示例图									
示例说明	星轨、车轨	最低视频拍摄速度风光拍摄	日常速度	走路速度	慢跑速度	自行车速度	飞鸟速度	在汽车上进行拍摄	在飞机上进行拍摄

图 12-5　快门速度与拍摄对象的关系

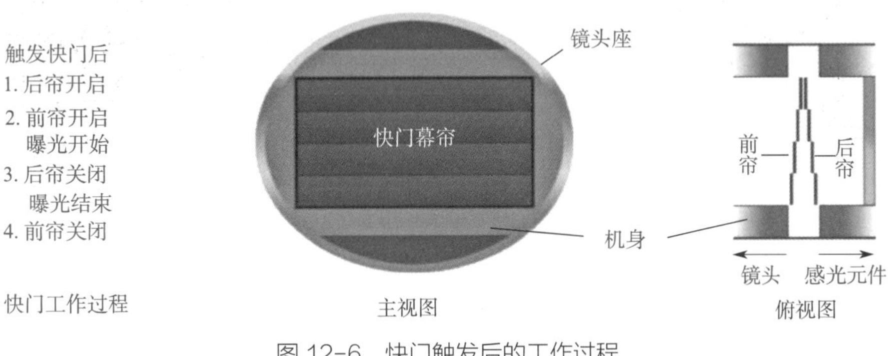

图 12-6　快门触发后的工作过程

图 12-7　高速快门拍摄的水滴滴落瞬间

（2）慢快门。慢快门常用于夜景车流，瀑布等场景的拍摄，能够拍出动感图片效果。使用慢快门需要用三脚架来维持平衡，以防曝光时间过长，出现手抖等情况，影响拍摄效果。慢快门拍摄的夜景车流如图 12–8 所示。

图 12-8　慢快门拍摄的夜景车流

（3）安全快门。安全快门多借助于三脚架使用，可自由控制曝光时间。曝光时间由快门按下时间的长短来决定，相机“喀嚓”的瞬间，相机就执行曝光过程。这个时间如果长于 1/60 s，便很容易因为手的晃动，而让画面变得很模糊，而安全快门在 1/60 ~ 1/30 s 拍摄静止物体时不会拍模糊。利用三脚架控制好曝光时间，可以拍摄出精美的作品，如拍摄子弹穿过西红柿的瞬时曝光相片和拍摄天文星光的长时间曝光相片，就是安全快门曝光时间长短作品的典型。安全快门曝光时间长短作品比较如图 12-9 所示。

a）曝光时间短作品

b）曝光时间长作品

图 12-9　安全快门曝光时间长短作品比较

快门是决定照片明暗的因素之一，低速快门成像容易模糊，高速快门适合抓拍题材。

三、感光度

传统相机中感光度是固定值，不能改变，数码相机的感光度能改变。通常情况下，感光度越高，相机对光线的敏感度越强。ISO 高，画面的亮度也高，但调节过高时可能出现过曝的现象；ISO 低，照片会比较暗。在较暗的环境下拍摄时，可以将 ISO 设定高一些，进而让照片更加明亮，但同时噪点也会变多，照片上会呈现出不清晰的颗粒感。不同感光度下的噪点对比如图 12–10 所示。

图 12–10　不同感光度下的噪点对比

注：在较暗场景下拍摄时，ISO 越高，对光线的敏感度越强，画面亮度越高，但过高会出现过曝。

四、曝光参数之间的关系

照片的明暗程度与环境光的强度、光圈、快门、感光度四个因素有关，拍摄时可设置调节的参数是光圈、快门、感光度，即曝光三要素。曝光三要素可以用曝光三角形表示，如图 12–11 所示，曝光三要素之间的关系如图 12–12 所示。

在光圈固定的时候，ISO越低，快门就要越慢；ISO越高，快门就要越快。

在快门固定的时候，ISO越低，光圈就要越大；ISO越高，光圈就要越小。

光圈、快门、感光度这三个参数决定了画面的曝光情况，但还要利用曝光补偿对画面曝光进行干预，调整画面的亮暗。

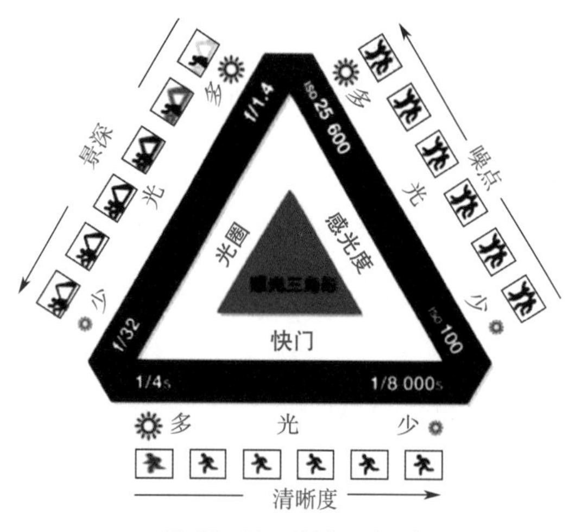

图12-11　曝光三角形

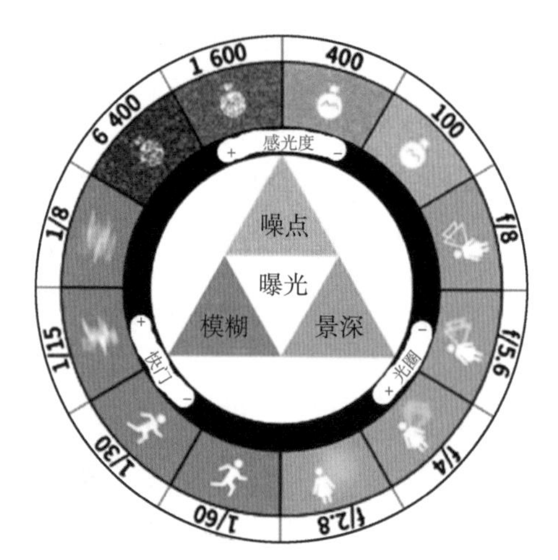

图12-12　曝光三要素之间的关系

思考与练习

1. 数码相机的分类方法有哪些？

2. 如何进行焦距的调整？

3. 如何利用取景器进行取景？

4. 光的表现形式有哪些？如何进行人工灯光布置？

5. 构图的要素有哪些？

6. 常见的构图方式有哪些？

7. 如何进行动态拍摄构图？

8. 曝光的三要素是指哪三要素？

项目三

摄像基础技术

学习目标

通过学习掌握手持拍摄的姿势、三脚架使用方法、摄像取景方式，掌握摄像镜头变换、手动调节亮度及焦距、动态拍摄技巧，了解摄像构图的一般原则以及保持画面构图平衡的方法，掌握人物与景物摄像构图技巧，掌握平摄、仰摄、俯摄、人物视角拍摄技巧，了解上下摇摄、左右摇摄、平稳运镜等摇摄技巧，了解对焦技术。

任务十三　摄像基本知识

一、手持拍摄的正确姿势

1. 站立拍摄

站立拍摄时，用双手紧紧地托住摄像机，肩膀放松，右肘紧靠体侧，将摄像机抬到比肩稍高的位置；左手托住摄像机，帮助稳住摄像机，采用舒适又稳定的姿势，确保摄像机稳定不动。双腿自然分立，约与肩同宽，脚尖稍微向外分开，站稳，保持身体平衡。

2. 跪姿拍摄

跪姿拍摄时，左膝着地，右肘顶在右膝，右手托住摄像机，左手扶住摄像机，可以获得最佳的稳定性。

3. 借助其他物品拍摄

在拍摄现场也可以就地取材，借助桌子、椅子、树干、墙壁等固定物来支撑、稳定身体和摄像机，不但有利于操纵摄像机，还可避免因长时间拍摄而过于劳累。实际拍摄中仍然需要依靠身体的支撑保持摄像机稳定，需要多多练习才能正确掌握持机要领。

二、手持拍摄的辅助用具

手持拍摄的辅助用具主要是三脚架。常用的三脚架有带云台和不带云台两种。在固定场合长时间拍摄一定要使用三脚架，比如拍摄婚礼仪式、生日派对、广场音乐会等。

1. 带云台的三脚架

用带云台的三脚架来支撑摄像机效果更好，不但可有效地防止机器抖动，保持画面清晰稳定、无重影，而且在上下或左右摇摄时也可运行平滑、过渡自然。此外，还可以利用控制摄像机的遥控器和控制云台的遥控器来完成拍摄的全部过程。

2. 不带云台的三脚架

不带云台的三脚架需要放在稳固、平坦的地面、桌面上，尽量远离振动源，如有汽车行驶的公路、振动的机械等。如果有风，可以在三脚架上加配重物以增强三脚架的稳定性，比如背包、石块等。

三、摄像取景方式

摄像取景应采用双眼扫描的方式，右眼紧贴在寻像器的目镜护眼罩上取景，同时左眼负责纵观全局，留意拍摄目标的动向及周围所发生的一切，随时调整拍摄方式，既能避免拍摄时可能发生的意外，又能避免因为过于“专一”而漏掉了周围其他精彩的镜头，从而使一切变化尽在掌握中。

四、摄像注意事项

1. 如果所操作的摄像机具有图像稳定功能，在手持机器拍摄时应打开此功能，这样有助于改善其图像的不稳定性；在上下或左右摇摄时应解除此功能，避免图像模糊。

2. 在拍摄时要多运用广角镜头，将变焦镜头调到广角（W）的位置进行拍摄。若将镜头调到最大倍数的变焦位置（T），只要稍微有一点颤抖就会使镜头产生相当大的晃动。

3. 在拍摄过程中需要按动某些功能键或手动变焦时，不要用力过猛，以免牵动镜头引起晃动。

4. 拍摄时应尽量避免边走边拍。

任务十四　摄像技巧

摄像技巧包括固定镜头、变焦镜头、手动调节亮度及焦距、动态拍摄的技能与技巧。

一、固定镜头

固定镜头是指将镜头对准目标后做固定点的拍摄，不做镜头的推近、拉远动作或上下左右扫摄。

1. 拍摄要点

平常拍摄时以固定镜头为主，不需要做太多变焦动作，以免影响画面稳定性。拍摄全景时摄影机应靠后一点，想拍其中某一部分时摄影机则应靠前一点，变换位置如侧面、高处、低处等，其呈现的效果也会不同，画面也会更丰富。如果因为场地的因素摄像机无法靠近，也可以用变焦镜头将画面调整到想要的大小后，再固定镜头拍摄。

2. 拍摄注意事项

（1）拍摄时使用固定镜头，可增加画面的稳定性，一个画面一个画面的拍摄，以大小不同的画面衔接。

（2）不要固定站在一个定点上，使用变焦的方法进行拍摄。

（3）尽量不采用让画面忽大忽小的方法拍摄，除非用三脚架固定，否则长距离地推近、拉远，会造成画面的抖动。

二、变焦镜头

变焦镜头是指在拍摄时摄像机可以做变焦的动作，改变取景画面的大小。

例如想拍摄远处某个目标，可以利用变焦镜头推近来取景，当推到想要的画面大小时，再按下录像键，摄取想要的画面。

1. 拍摄方法

（1）以拉远的变焦拍摄表达某件物品或人物的位置。例如，给一个蛋糕中的一个烛光镜头特写约 3 s，然后慢慢地将镜头拉远，一个插满蜡烛的蛋糕画面渐渐出现。这种方法可让画面更为生动有趣，不需要旁白及说明，就可由画面的变化看出拍摄者所要表达的内容及含义，这就是所谓的“镜头语言”。

（2）以推近的变焦拍摄说明特定的目标或人物。例如，画面开始是一群小孩在表演舞蹈的全景，几秒后画面渐渐推近到其中一个小孩的半身景，然后镜头就跟着他。这种方法就是在告诉观众，这个小孩就是主角，即对观众加以引导。

以上这两种常用的拍摄方法各有意义，若运用恰当，将起到画龙点睛之功效；若滥用变焦镜头，则会导致画面忽近忽远、重复拍摄。

2. 注意事项

（1）进行推近或拉远的拍摄动作时，每做一次后都应暂停。

（2）换另外一个角度或画面后，再开机拍摄。

三、手动调节亮度及焦距

1. 手动调节亮度

将全自动模式切换到手动模式，找到亮度调整键对画面亮度进行调整。可看着观景器或是液晶屏幕上的画面调整到适当的亮度，逆光时将亮度调亮，夜景时则调暗。

2. 手动调节焦距

特殊情况下，如隔着铁丝网、玻璃、与目标之间有人物移动等，采用自动对焦往往会让画面焦距时而清楚时而模糊。解决方法是将自动对焦切换到手动对焦，将焦距锁定在固定位置，防止焦距自行改变。

四、动态拍摄

全景拍摄时常需要动态拍摄，将摄影机由右到左或是由左到右地摇摄，若拍摄时身体转动方式不对、转动角度太大、没有一气呵成，往往会造成画面摇来摇去或是忽快忽慢。若想得到稳定的画面，应采取以下动态拍摄技巧。

1. 以腰部为分界点，下半身不动，上半身转动。例如，要拍摄的景物需要摄影机从甲点摇摄到乙点，应将身体面向乙点后保持下半身不动，然后转动上半身面向甲点，此时摄影机对着甲点的方向，接着按下录像键先原地不动录 5 s，然后慢慢摇摄回到乙点，到达乙点后保持不动继续录 5 s 后关机。

2. 摇摄速度与摇摄范围内的景物相配合。摇摄的速度由所要摇摄的范围内景物的丰富程度而定。如果拍摄的是静态的景物，则速度可稍快一点，但要以看清楚内容为原则。如果取景内容是动态的物体或内容相当丰富，则速度可稍慢一点。

任务十五　摄像构图

一、摄像构图的一般规则

1. 在拍摄前保持摄像机处于水平位置，尽量让画面在观景器内保持平衡。

2. 要尽可能接近目标，并在主角四周预留一些空间，以防主角突然移动。

3. 要保证摄像机与被拍摄的主角人物之间不会有人或有其他物体在移动。

4. 不要让一些不相干的人物一半处于画面中，一半处于画面外。

5. 画面中要避免出现跟主角没有关系但抢眼的色彩。

6. 摄像时，让重要的景物或人物正好位于画面三分之一处而不是在正中央，这样的画面比较符合人的视觉审美习惯，更有美感。一个完整画面被两条垂直和两条水平的线分成九等份，其中垂直线与水平线交会的 4 个点，是画面中最能讨好视觉的部分，可以把 4 个点作为主体最重要部分的中心。人物位于画面中三分之一处，面部正好处在左上角的两线的交点上，符合“三分之一”构图原则，可以更好地突出人物形象。

二、保持画面构图平衡的方法

1. 画面整洁、流畅，避免杂乱的背景

杂乱的背景会分散观看者的注意力，降低可视度，弱化主体的地位。拍摄前应该剔除画面中碍眼的杂物，或者改变拍摄角度，避免不相干的背景出现在画面中。

2. 色彩平衡性良好，有较强的层次感

确保主体能够从全部背景中突显出来，如不要安排穿黑色衣服的人在深色背景下拍摄。

三、人物摄像构图

人物摄像构图是指利用摄像机的取景框以人物为中心的一种合理的画面布局。在构图的安排上，从艺术的角度去分析，使人像作品更符合人们的视觉审美。

1. 人物摄像构图类型

人物摄像构图类型有远景构图、全景构图、中景构图、近景构图和特写构图。

（1）远景构图。在人物摄像中选择远景构图，以拍摄景色为主，人物作为摄像的点缀部分，占比较小的一种构图方式。远景构图视野开阔，主要表达一种意境，能表现出磅礴大气的场景。在选择远景构图拍摄时，可以把人物按照三分法、二分法的构图方式，放在画面的一个点上，让人物占据画面较小的比例。

（2）全景构图。在人物摄像中拍摄人物全身时，把人物完全展现在画面中，

表现出人物是画面的主体部分的一种构图方式。在选择全景构图拍摄时，应要结合其他的构图方式，如等分法构图，让人物的全身出现在画面中。

（3）中景构图。在人物摄像中，拍摄人物膝盖以上部位的构图方式。中景构图方式可以很好地展现出人物的肢体动作。

（4）近景构图。在人物摄像中，拍摄人物腰部或胸部及以上部位的一种构图方式。近景构图通常用来表达人物情绪，如开心、忧郁等。使用近景构图拍摄人物时，取景应取人物腰部以上，让人物占据画面的大半部分。

（5）特写构图。在人物摄像中，拍摄人物锁骨以上部位或只拍摄脸部的一种构图方式。特写构图能表达出人物的内心情绪，是人物摄像中拍摄情绪类作品的主要构图方式。

2. 人物摄像构图要点

（1）当主角看的方向或行走的方向与画面不垂直时，其面对或前进方向的前方要留下的“前视空间”，应多过其后面的空间，即应该将“多余空间”减少到最低程度。

（2）以中景、近景构图时，不要给所拍的人物头顶留太多的空间。

（3）进行构图时不要犯低级的构图错误，譬如电线杆突出在画面人物的头顶、建筑物的水平面与画面人物的脖子等高、电线横在人物脖子上等。

（4）如果以远景拍摄，人物的全身都会出现在画面上；如果以中景、近景、特写手法拍摄，则画面上就会分别有人物身体的 2/3、上半身、头部。

（5）不要把人物的膝盖、腰部和颈部作为“裁身点”，否则得到的画面会很别扭。若要拍摄人物脸部或身体某部位的特写，最好的裁身点是腋下、腰部以下一点以及膝盖以上一点。

（6）摄像构图忌面面俱到、淡化主题，忌生搬硬套、教条主义。

四、景物摄像构图

景物摄像构图是指利用摄像机的取景框以景物为中心的一种合理的画面布局。在景物构图安排上，常采用水平线构图、垂直线构图、斜线构图、曲线构图、黄金分割式构图、九宫格构图、圆形构图、对称构图、非对称构图和二次构图等方式。

1. 水平线构图

水平线构图是指画面主导线以水平方向为主的构图。使用水平线构图的画面，主要用于表现广阔、宽敞的大场面，如拍摄大海、日出、草原放牧、层峦叠嶂的远山、大型会议合影、河湖平面等。图 15-1 所示为水平线构图作品。

图 15-1　水平线构图作品示例

2. 垂直线构图

垂直线构图是指画面主导线以垂直（上下）方向为主的构图。使用垂直线构图的画面，其主导线形在上下方向延伸，能充分显示出景物的高大和深度，强调拍摄对象的高度和纵向气势。如拍摄摩天大楼、树木、山峰等景物时，常常可以使用垂直线构图的表现形式。图 15-2 所示为垂直线构图作品。

图 15-2　垂直线构图作品示例

3. 斜线构图

斜线构图是指画面主导线以斜线为主的构图。最典型的斜线构图方式是画面的两条对角线方向的构图。斜线构图在视觉上显得自然而有活力，醒目而富有动感，是十分常用的一种构图方式。

在画面中采用斜线构图的好处有两个方面，一是能够产生纵深的运动感和指向性，增强画面的交流感；二是画面中的斜线也能够给人以三维空间的印象，增强画面的空间感和透视感。图 15-3 所示为斜线构图作品。

图 15-3　斜线构图作品示例

4. 曲线构图

曲线构图通常称为 S 形构图，也是一种常见的构图形式。在画面中使用曲线构图，能给观众一种韵律感、流动感的视觉享受，既能很好地表现画面的节奏，又能有效地表现拍摄对象的空间和深度。此外，S 形线条在画面中能够最有效地利用空间，把分散的景物串联成一个有机的整体，突出画面的美感。图 15-4 所示为曲线构图作品。

图 15-4　曲线构图作品示例

5. 黄金分割式构图

黄金分割式构图是指构图时将构图对象置于其中一个黄金分割点上，把画面划分成分别占 1/3 和 2/3 面积的两个区域的构图，如图 15-5 所示。黄金分割式构图广泛运用于绘画、雕塑、建筑艺术之中，将黄金分割法则借鉴到电视画面的构图中，也具有相当的美学价值，能够给人以赏心悦目的视觉效果。

黄点为黄金分割点

蓝线为黄金分割线

图 15-5　黄金分割式构图及作品示例

6. 九宫格构图

九宫格构图是指将被摄主体或重要景物放在九宫格交叉点的位置上的构图，

如图 15-6 所示，四个交叉点就是主体的最佳位置。一般认为，右上方的交叉点最为理想，其次为右下方的交叉点。这种构图方式较符合人们的视觉习惯，使被摄主体成为视觉中心，具有突出主体，使画面趋向均衡的优点。

图 15-6　九宫格构图作品示例

7. 圆形构图

圆形构图是适当地利用画面之中的弧线或圆形进行的构图，可以提高画面的美感和水平。图 15-7 所示为圆形构图作品。

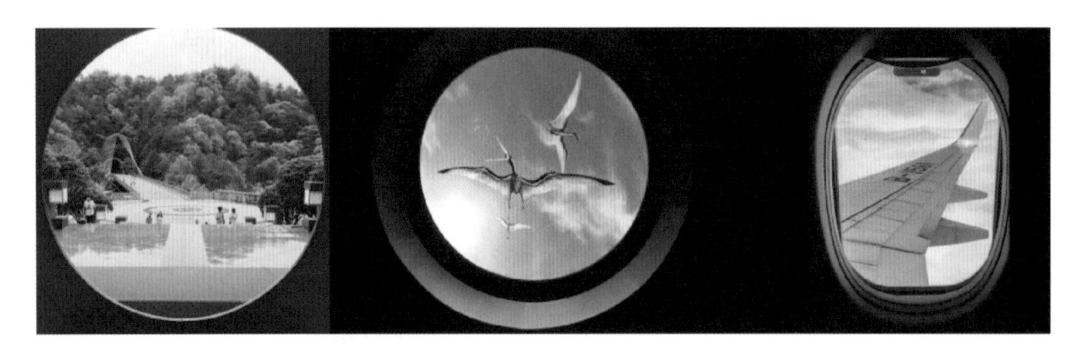

图 15-7　圆形构图作品示例

8. 对称构图

对称构图是指所拍摄的主体在画面正中垂线两侧或在正中水平线上下，呈现对称或大致对等效果，使画面布局平衡，结构规矩，如图 15-8 所示。这种构图形式经常运用在情境或者物体本身是左右或上下对等的情况。对称构图可以给画面带来一种庄重肃穆的气氛，具有平衡、稳定的特点。采用对称构图不可以机械的单纯对等，必须在对等之中有所变化，或者蕴含趣味性、装饰性，否则就会平淡乏味。在对称构图中，需结合色彩对比构图和不同景别的构图，以增强艺术感染力，使作品更具表现力。

图 15-8　对称构图作品示例

9. 非对称构图

非对称构图是将画面中的景物故意安排在某一角或某一边，给人以思考和想象，并留下进一步判断的余地的构图。这种构图方式类似于中国国画的构图，富于韵味和情趣，常用于拍摄山水景物，如图 15-9 所示。

图 15-9　非对称构图作品示例

10. 二次构图

二次构图是对一次构图拍摄的作品进行裁剪，获得更好构图效果的构图。

例如，一次构图中的飞鸟飞行速度很快，所以有时候抓拍飞行的鸟儿并不轻松，即便拍摄成功了也总是“差点意思”，这种美中不足就在于构图效果没达到，人的目光首先被天空吸引，如图 15–10 所示。二次构图就是对图 15–10 进行二次裁剪，获得如图 15–11 所示的裁剪构图。可以看出，同一张图，二次构图后效果天差地别，二次构图后鸟瞬间就是着眼点，效果大为不同。

图 15-10　一次构图作品示例

图 15-11　二次构图作品示例

任务十六　拍摄角度技巧

拍摄角度技巧是通过拍摄角度构图的技巧，包括平摄（水平方向拍摄）、仰摄（由下往上拍摄）、俯摄（由上往下拍摄）以及人物视角拍摄。

一、平摄

平摄是拍摄目标与拍摄镜头在同一高度上的拍摄。

1. 如果拍摄对象的高度和拍摄者的身高相当，那么最正确的位置是拍摄者的身体站直，把摄像机放在肩部到头部之间的高度拍摄。

2. 如果拍摄对象高于或低于拍摄者，拍摄者就应该根据人或物的高度随时调整摄像机高度和身体姿势。例如，拍摄坐在沙发上的主角或在地板上玩耍的小孩时，就应该采用跪姿甚至趴在地上拍摄，使摄像机与拍摄对象始终处于同一水平线上。

3. 如果利用无人机拍摄，则应调整无人机的飞行高度与被拍摄的景物高度一致后再进行拍摄。无人机平摄及其作品如图 16–1 所示。

图 16-1　无人机平摄及作品示例

二、仰摄

仰摄是镜头由下向上进行拍摄的一种方法，图 16–2 所示为仰摄作品。

图 16-2　仰摄作品示例

仰望一个目标时，不管是人物还是景物，观看者都会觉得这个目标显得特别高大。因此，如果想使拍摄对象的形象显得高大一些，就可以降低摄像机的拍摄角度，倾斜向上去拍摄，使主体地位得到强化，显得拍摄对象更雄伟高大。

拍摄人物的近距离特写画面时，拍摄角度的不同，可以给人物的神情带来重大的变化。如果用低方位向上拍摄，可以强化人物威武、高大的形象，使主角的地位更好地凸显出来。如果把摄像机架得足够低，镜头更为朝上，会使人物更具威慑力，甚至还能增加主角人物说话的分量。观众看到这样的画面时会有压迫感，在近距离镜头下表现得尤为强烈，若被摄人物稍微低头，甚至有些威胁感。拍摄者巧妙利用这种变形夸张手法，可达到不凡的视觉效果。

仰摄的效果通常会因为人物面部表情过于夸张而出现明显的变形，在不合适的场合使用这种视角可能会扭曲、丑化主体。因此，这种效果切记不要滥用，偶尔地运用可以渲染气氛，增强影片的视觉效果；如果运用过多、过滥，效果会适得其反。

三、俯摄

俯摄是指摄像机的位置高于被摄对象采用俯角拍摄的一种拍摄方法。

俯摄景物如同登高望远，由近至远的景物可在画面中由下至上充分展现出来。俯摄视角范围广阔，有利于表现地平面上的景物层次、数量、地理位置等，能给人辽阔、深远的感受，易于表现浩大、视野开阔的场景。

电影中常用俯摄来鸟瞰景物全貌，以介绍故事发生的环境和地点，或者表现出拍摄对象在感情色彩上的阴郁、压抑情绪。将俯摄镜头与仰摄镜头结合在一起，能获得褒贬鲜明、对比强烈的艺术效果。

高角度拍摄人物特写，会削弱人物的气势，使观众对画面中的人物产生居高临下感，高角度拍摄人物时，画面中的人物看起来会显得矮一点，也会看起来比实际更胖，如图 16–3 所示。

另外还需注意，如果从比被摄人物的视线略高一点的上方拍摄近距离特写，有时会带有藐视的味道；如果从上方角度拍摄，并在画面人物的四周留下很多空间，会使这个人物显得孤单。

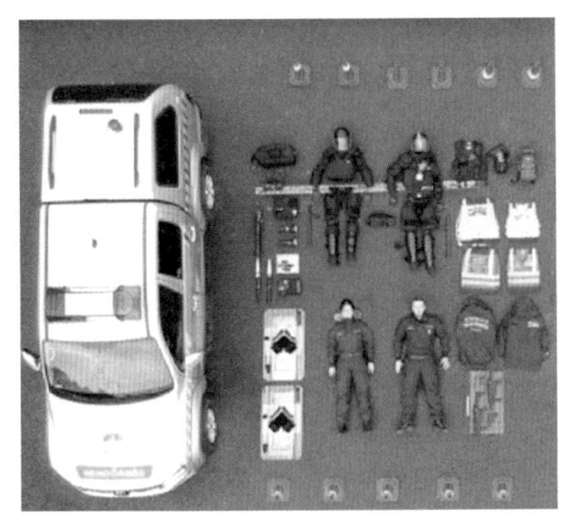

图 16-3　高角度拍摄人物作品示例

四、人物视角拍摄

人物视角拍摄是从人物视角反映正常人看事物习惯的拍摄。实际拍摄中，有时需要表现出拍摄主体的视角，应从主体眼睛的高度去拍摄。

如一个站着的大人看小孩，就应把摄像机架在头部的高度对准小孩俯摄，这就是大人眼中看到的小孩；同样，小孩仰视大人，则要降低摄像机高度去仰摄。

又如一个正蹲在地上干活的人，要表现他看来到他面前的人的情景时，首先应降低高度（与蹲着的人眼睛的位置同高）去俯摄来人的脚部，然后慢慢向上移动镜头进行仰摄，最后到达脸部，而不能直接平摄，这样才符合常理。

任务十七　摇摄技巧

摇摄就是摄像机的位置不变，依靠变动摄像机的角度去拍摄。摇摄技巧包括上下摇摄、左右摇摄、平稳运镜等。

一、应用场景

若拍摄的场景过于宏大，用广角镜头不能把整个画面完全拍摄下来，那么就应该使用“摇摄”的拍摄方式。摇摄常用于下列场景。

1. 拍摄一个大场面或一幅风景画

这种情况往往用在所拍摄的故事片段的开始，就像一段开场白，以此来介绍事件所发生的地点以及主角人物所处的位置和环境。

2. 用来追踪一个移动中的目标

比如，一个正在高台跳水的运动员、楼上掉下来的东西或者是一辆奔跑的汽车等。

二、上下摇摄

上下摇摄是通过上下摇动摄像机，追踪拍摄上下移动的目标的拍摄技巧。如拍摄运动员的跳水动作，从运动员站在高台准备跳时作为起幅，把镜头推近，锁定目标，从起跳到入水，镜头随运动员的下落而同步下移。这样的场面最好使用近镜头去拍摄，如果运镜恰当，一气呵成，视觉冲击力很强。

上下摇摄的方法还常常用来显示一些高得无法用一个画面完整表现的景物，或是要突出表现某一景物的高大雄伟。拍摄高耸的建筑物时，站在其前方，先用平摄的方法拍摄楼的底座，再由下往上慢慢移动镜头直至建筑物的顶端，使得建筑物更显雄伟、壮观。

三、左右摇摄

左右摇摄是以横向圆弧路线摇动摄像机，用于拍摄宽广的全景或者是左右移动中的目标的拍摄技巧。

1. 操作方法

（1）将身体面对镜头的终止方向，使摄像机稳定，朝向摇摄的最后一点。

（2）身体转向镜头的起始方向并开始拍摄。

（3）身体慢慢地、均匀地向终止方向转动，直到完成整个摇摄过程。

与上下摇摄相同，用左右摇摄的方法来追踪拍摄左右移动的目标的关键是要掌握好摇镜头的速度，要跟拍摄目标的移动速度保持同步。以手持机摇摄时，身体一般不需要转动 90°，如超过 90°，人就会觉得不舒服，不易保持画面稳定。

2. 操作示例

拍摄一辆自左向右行驶的汽车，提前策划，在拍摄前有一个准备的过程。建议初学者用三脚架云台来完成摇摄练习。

（1）规划好汽车行驶的路线以及摇摄的起始点和终止点。

（2）拿好摄像机，身体朝向终止点站稳，逆时针转动上身至起始点等待目标的出现。

（3）目标一旦进入画面就开始拍摄，并随着汽车的移动而向右匀速转动上身。

（4）镜头始终对准行驶的汽车，直到摇摄终止点，中间不能停顿。

（5）要想结束拍摄，可停止摇动追踪目标，镜头不动，停止 2～3 s，让目标慢慢从画面上消失。

（6）摇摄时要注意构图平衡，目标的行走空间要大于其多余空间。

四、平稳运镜

平稳运镜是指进行摇摄时，平稳地移动摄像机的镜头。

1. 平稳运镜的条件

（1）使用三脚架，这样有利于拍摄出稳定的画面。

（2）如果用手持机，其基本姿势是：首先将两脚分开约 50 cm 站立，脚尖稍微朝外成八字形，再摇动腰部（注意不是头部，更不是膝部），这样可以使得摇摄的动作进行得更为平稳。

2. 平稳运镜的注意事项

（1）动作应做得平稳滑顺。

（2）画面流畅，中间无停顿，更不能忽快忽慢。

（3）不要过分移动镜头，也不要在没有需要的情况下移动镜头。

（4）摇摄的起始点和终止点一定要把握得恰到好处，技巧运用得有分有寸。

（5）避免像浇花一样将镜头摇来摇去。

（6）摇摄过去就不应再摇摄回来，只能做一次左右或上下的全景拍摄。

五、恰当的摇摄时间

摇摄时间不宜过长或过短，用摇摄的方法拍摄一组镜头以 10 s 左右为宜，若过短播放时画面看起来像在飞，若过长又会令观看者觉得拖泥带水。

一组摇摄镜头应该有明确的开始与结束，在起幅和落幅的画面上要稳定停留一段时间，一般来说 3 s 左右的镜头让人看起来稳定自然。若落幅无停留，摇摄镜头将会给人没有结束和不完整的感觉。如果想让画面增添一些紧张的气氛，可以稍微加快一点摇摄的速度。

六、镜头变焦

左右摇摄时应该将变焦镜头调到最广角（W）的位置进行拍摄。把镜头稍微拉近，用中镜头甚至近镜头去拍摄会使拍摄下来的画面更加生动有趣、更富有临场感。

任务十八 对焦技术

对焦技术是指通过主动或被动方式调节焦点位置，获得清晰图像的技术。

一、对焦与对焦方式

1. 对焦

对焦是在动态图像的拍摄过程中，通过调节焦点位置，使图像始终保持清晰的过程。

2. 对焦方式

对焦方式是指摄像机镜头对焦时所采用的方式。

对焦方式可分为主动自动对焦、被动自动对焦、手动对焦、多重对焦和全息自动对焦等。

（1）主动自动对焦。主动自动对焦是相机发射一种红外线（或超声波），根据被摄对象的反射确定被摄对象的距离，然后根据测得的结果调整镜头组合，实现自动对焦的对焦方式。主动自动对焦直接、速度快、容易实现、成本低，但有时会出错，精度也差。

（2）被动自动对焦。被动自动对焦是相机直接接收分析来自景物自身的反光，进行自动对焦的方式。

优点：自身不要发射系统，因而耗能少，有利于小型化。对具有一定亮度的被摄对象能理想地自动对焦，在逆光下也能良好地对焦，对远处亮度大的被摄对象能自动对焦。

缺点：对细线条的被摄对象自动对焦较困难，在低反差、弱光下对焦困难，对运动、含偏光的被摄对象自动对焦能力差，对黑色物体或镜面自动对焦能力差。

（3）手动对焦。手动对焦是通过手工转动对焦环来调节相机镜头，从而使拍摄出来的照片清晰的一种对焦方式。这种方式很大程度上依赖人眼对对焦屏上的影像的判别以及拍摄者的熟练程度，还会受拍摄者的视力等因素影响。

早期的单镜头反光相机与旁轴相机基本都是使用手动对焦来完成调焦操作的。目前，准专业及专业数码相机、单反数码相机都设有手动对焦的功能，以满足不同的拍摄需要。

（4）多重对焦。多重对焦又称多点对焦或者区域对焦，是利用多点或区域对焦功能对对焦中心不在图片中心的被摄对象进行对焦的方式。常见的多点对焦为 5 点、7 点和 9 点对焦。

（5）全息自动对焦。全息自动对焦是采用激光全息摄影技术，利用激光点检测被摄对象的边缘，并进行对焦的方式。利用全息自动对焦即便是在黑暗的环境中亦能拍摄准确对焦的照片，有效拍摄距离达 4.5 m。

二、对焦操作

对焦操作是对图像清晰度进行调节的过程。

1. 对焦操作过程

（1）将变焦距镜头推到广角位置（W）。

（2）通过取景器观察图像的清晰度情况，进行聚焦操作，直到满意为止。

（3）聚实焦点之后，再推拉变焦拉杆将镜头调整到所希望的构图景别上，焦点在变焦过程中不会变化。

注：近距离拍摄时，一定要将镜头调节至焦距最大的位置。

2. 自动对焦切换为手动对焦

自动对焦切换为手动对焦（切换对焦）的方法是：先将自动对焦切到手动对焦，对准被摄对象，使其位于画面的中央，并调节清晰度到最佳；利用锁定功能将焦距锁定在固定位置，再重新构图。

（1）当主要的被摄对象偏离画面中心，处于画面边缘时，切换使用手动对焦。

（2）由于自动对焦系统是以图像的中心为准进行调节的，故远离画面中心的被摄对象无法获得正确的对焦时，切换使用手动对焦。

（3）摄像镜头是有一定景深的，对于超出其景深范围的被摄对象（同时位于前景和背景），摄像机不能聚焦。因此被摄对象一端离摄像机很近，另一端离摄像机很远时，切换使用手动对焦。

（4）拍摄一个位于肮脏、布满灰尘或水滴的玻璃后面的对象时，切换使用手动对焦，否则摄像机会聚焦于玻璃，而不会聚焦于玻璃后面的对象。注意玻璃窗前拍摄需贴近玻璃拍摄。

（5）拍摄在栏栅、网、成排的树或柱子后的主体时，切换使用手动对焦。

（6）拍摄一个在暗环境中的对象时，由于进入镜头的光线大大下降，摄像机不能正确聚焦，切换使用手动对焦。

（7）拍摄表面有光泽、光线反射太强或周围太亮的对象时，被摄对象会模糊不清，切换使用手动对焦。

（8）拍摄快速运动的对象，对焦较难时，切换使用手动对焦。

（9）在拍摄移动物体后面的对象时，自动对焦系统会把移动对象误认为是被摄对象而进行聚焦，需切换使用手动对焦。

（10）拍摄反差太弱或无垂直轮廓的对象时，切换使用手动对焦。

（11）在下雨、下雪或地面有水时，自动对焦系统可能不能正确聚焦，切换使用手动对焦。

（12）如果摄像机以红外线或超声波的方式自动聚焦，当被摄对象能吸收红外线或超声波造成对焦困难时，或被摄对象距离太远，红外线或超声波达不到被摄对象时，切换使用手动对焦。

思考与练习

1. 摄影成像原理是什么？
2. 简述动态拍摄的技巧有哪些？
3. 摄像构图的一般规则是什么？
4. 人物摄像构图的类型有哪些？
5. 景物摄像构图的方法有哪些？
6. 说出下列图片的构图方法。

图 1

图 2

图 3

图 4

图 5

项目四

航拍无人机

学习目标

通过学习掌握开箱检查机身、螺旋桨、遥控器、云台和电池的内容及方法，掌握固件升级的方法和步骤，掌握指南针校准方法，了解炸机的预防措施，能够完成起飞前的安全检查，掌握拍摄参数设置方法，掌握无人机起飞与降落的方法等。

任务十九　航拍无人机类型

一、御系列航拍无人机

1. Mavic Air 2

Mavic Air 2 是御系列中性价比最高的一款航拍无人机，如图 19-1 所示。其性能参数为：机身质量 570 g，搭载了 1/2 英寸 CMOS 传感器，可拍摄 4 800 万像素照片、每秒 60 帧的 4 k 视频及 8 k 移动延时视频，电池的续航时间长达 30 min。

2. Mavic 2 Pro

Mavic 2 Pro 是御系列中一款具有全方位避障系统的航拍无人机，如图 19-2 所示。其性能参数为：航拍照片拥有 2 000 万像素，能够拍摄 4 k 分辨率的视频，并配备地标领航系统，最长飞行时间 30 min。全方位避障系统使普通摄影玩家可以无所畏惧地遨游天空，拍出精美的图片与视频。

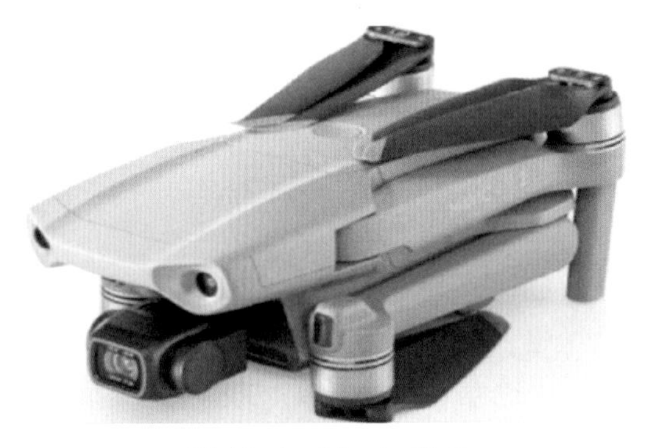

图 19-1　Mavic Air 2

图 19-2　Mavic 2 Pro

3. Mavic Mini 2

Mavic Mini 2 是御系列中一款飞行安全性很高的航拍无人机，如图 19-3 所示。其性能参数为：机身质量轻于 249 g，能拍出 1 200 万像素的高清照片，可以拍摄 4 k 分辨率的视频；桨叶被保护罩完全包围，并且可以像御 Mavic 2 Pro 一样折叠，飞行时特别安全；内置多种航拍手法与技术，轻松一按就能拍出美美的大片。

图 19-3　Mavic Mini 2

二、精灵系列航拍无人机

精灵系列属便携式四旋翼航拍无人机，如图 19–4 所示，引发了航拍领域的重大变革。从第一款精灵系列航拍无人机发展到第四代 Pro，技术的进步使其从原本的入门级机型变成了准专业机型。这一系列无人机脚架不可折叠，可在恶劣环境下直接起飞和降落。

三、悟系列航拍无人机

悟系列航拍无人机中，悟 2 具有全新的前置立体视觉传感器，可以感知前方最远 30 m 处的障碍物，具有自动避障功能；机体装有 FPV 摄像头，内置全新图像处理系统 CineCore2.0，支持各种视频压缩格式；动力系统进行了全面升级，上升最大速度为 6 m/s，下降最大速度为 9 m/s；拥有 DNG 序列和 ProRes 视频拍摄能力，可用于拍电影或商业视频。图 19–5 所示为某款悟系列航拍无人机。

图 19–4　精灵系列航拍无人机示例

图 19–5　悟系列航拍无人机示例

任务二十　开箱检查

机身、螺旋桨、遥控器、云台和电池等无人机设备均需开箱检查，如图 20–1

所示。

图 20-1 无人机设备

一、检查机身

检查无人机机身外观是否完好，是否有受伤、破损的痕迹；无人机机身的螺丝是否有松动和异样。如果出现上述情况，应及时找商家更换。

二、检查螺旋桨

检查螺旋桨的主要内容就是检查桨叶，即检查桨叶的外观是否正常，是否有弯折、破损、裂痕等。

三、检查遥控器

检查遥控器天线是否有损伤，摇杆是否在遥控器收纳位置。

四、检查云台

检查云台的保护罩是否完好，云台相机的镜片是否干净，是否有裂痕。

五、检查电池

检查电池的外观是否有鼓胀或变形，是否有液体流出。

任务二十一　固件升级

固件升级是指对无人机的固件进行更新，修复固件的系统漏洞，添加新增功能，提升飞行安全性的过程。

一、升级准备

在进行系统固件升级前，应确保电池有足够的电量，以免升级过程中断，导致无人机系统崩溃。

二、升级操作

每一次开启无人机时，App 中都会进行无人机系统版本的检测，显示相应的检测提示信息。

如果无人机系统是最新版本，就不需要升级，可以正常使用。

如果无人机系统版本不是最新的，则界面顶端会弹出红色的提示信息，提示用户可以升级的固件类型，如图 21–1 所示。点击红色提示信息，进入“固件升级”页面，可查看更新日志和相关注意事项，此时点击“开始升级”按钮，按照界面提示信息进行操作即可。

图 21-1　固件升级

任务二十二　指南针校准

指南针校准是指南针受到磁场干扰后，通过校准排除干扰因素，使指南针恢复正常指示的过程。指南针校准又称地磁校准，校准的目的是消除外界磁场对地磁的干扰。指南针易受其他电子设备、磁场等干扰而导致飞行数据异常，如果不进行校准，无人机就会漂移，分不清方向，甚至导致飞行事故。

一、指南针校准类型

指南针校准主要有首飞校准、经常性校准及特殊情况下的校准三种类型。

1. 首飞校准

首飞校准是指无人机首次飞行前对指南针的校准，目的是消除外界磁场对地磁的干扰，保证无人机定位正确，避免指南针受其他电子设备干扰导致数据异常，飞控系统无法正常工作，影响飞行性能，甚至导致飞行事故。

2. 经常性校准

经常性校准是指每次飞行前、场地变更后对指南针进行的校准，经常性校准可以使 GPS 工作在最优状态。

3. 特殊情况下的校准

（1）指南针数据异常，LED 灯出现黄绿交替闪烁。

（2）飞行场地变更，与上一次飞行场地相距较远。

（3）部件安装位置变化，指南针模块安装位置变更，主控、舵机、电池等安装、移除、移位，机架的机械结构变更。

（4）飞行时，无人机漂移比较严重或者不能直线飞行。

（5）无人机调头时 LED 灯显示姿态错误。

二、指南针校准步骤

1. 将油门杆推到最低位置。

2. 将遥控器的 5 通道开关在最低位置和最高位置快速来回切换 6 ~ 10 次，直到状态指示灯蓝灯常亮。

3. 将飞行器机头向前，水平放置，然后缓慢地顺时针旋转至少一圈，直到状态指示灯绿灯常亮。

4. 将飞行器机头朝下，机身垂直，然后缓慢地顺时针旋转至少一圈，直到状态指示灯白灯长亮 4 s。

在指南针受到干扰后，起飞前地面站页面会有“指南针异常”的提示信息。以 DJI GO 4 App 为例，左上角的状态栏中会出现红色提示信息，提示驾驶员“移动飞机或校准指南针”，如图 22–1 所示。此时，驾驶员只需要按照界面提示重新校准指南针即可。

图 22-1　移动飞机或校准指南针

三、指南针校准注意事项

1. 实施指南针校准应选择空阔场地，应尽量寻找没有电磁干扰的区域进行，避免在高速公路附近、高压线附近、金属栅栏附近、停车场、带有地下钢筋的建筑区域等进行。

2. 校准时不要随身携带钥匙、手机等铁磁物质。

任务二十三　预防炸机

炸机是指无人机在飞行过程中，由于操作不当或无人机本身故障等因素导致无人机不正常坠地的现象。无论无人机有无损伤，或无人机能否继续飞行，只要出现无人机不正常坠落的现象都归为炸机。

一、炸机原因

1. 飞行中 GPS 信号突然丢失

飞行中系统提示 GPS 信号弱，可能是因为当时的飞行环境对信号有干扰。无人机的 GPS 信号丢失后，无人机会自动进入姿态模式或者视觉定位模式，此时操作者一定要保持镇定，轻微调整摇杆，以保持无人机稳定飞行，然后尽快将无人机驶出干扰区域。无人机离开干扰区域后，GPS 信号会自动恢复。

需要注意的是，GPS 信号丢失时，自动返航是无法起作用的，操作者必须选择手动操控无人机返航。

2. 图传画面黑屏

当图传画面黑屏时，操作者应根据最后的图传画面目视寻找无人机。目视天空，观察是否有无人机。如果找到了，可以手动操控无人机返航；如果没有找到，可能是因为无人机被一些高大建筑物遮挡，可以尝试拉升无人机几秒，或者根据最后图传画面的位置，迅速向无人机靠近，以此避开障碍物，使无人机恢复图传。

个别情况下，图传画面黑屏是因为 App 卡顿，这时只需重新启动 App 或手机，图传画面即可恢复。

二、预防炸机的措施

1. 不在城市高楼之间飞行

无人机在室外飞行是依靠 GPS 卫星定位的，一旦信号不稳定，无人机在空中就可能失控。在城市高楼间飞行，高楼的玻璃幕墙很容易影响无人机的信号接收。

此外，无人机在楼宇间穿行，有时看不到无人机，通过图传屏幕也只能看到无人机前方的情况，看不到上下左右的情况，这时如果无人机的左侧（或右侧）有玻璃幕墙，而操作者在不知道的情况下直接将无人机向左（或向右）横移，无人机就会撞到玻璃幕墙，导致炸机。

2. 不在高压电线附近飞行

高压电线附近不适合无人机飞行。

高压电线会对无人机产生非常严重的电磁干扰，而且与电线距离越近，信号干扰就越大。所以，在利用无人机拍摄时，尽量不要在高压电线附近，降低炸机风险。高压电线比较细小，无人机自身的避障系统很难监测、感应到，在图传屏幕中也很难发现，飞行前操作者可以实地目测一下，确保飞行环境中没有高压线塔。

3. 预防螺旋桨脱落

起飞前一定要检查螺旋桨的桨叶是否扣紧。

安装螺旋桨时，精灵 3 无人机的自紧桨也一定要上紧，精灵 4 无人机和悟无人机的快拆桨一定要反复检查；飞行前一定要再次检查确认，以降低炸机风险。

4. 更换起飞场地

无人机起飞时，若系统提示指南针异常，则说明周围存在磁场干扰。铁栏杆、信号塔等都会对无人机的信号和指南针造成干扰。在异常情况下起飞，无人机的安全有很大隐患。应将起飞场地更换至比较空旷、无干扰的地方，降低炸机风险。

任务二十四　选择飞行环境

飞行环境是指无人机航拍飞行的空间环境。空间环境中的山川、树木、房屋、路桥、建筑物等都会影响无人机飞行。

航拍无人机通常在以下环境中飞行，既可以保障飞行安全，又利于拍到理想的照片或视频。

一、乡村地区

大多数乡村地区安静、风景好。在乡村中最好选择大片空旷场地飞行，这样的地方人少、房子少、树木少、电线少。操作者检查四周的环境，确定安全后即可起飞。

二、高山山区

高山山区，云雾缭绕，适合俯拍。在山区起飞时，应将无人机放在起飞板上起飞，以保障无人机的安全；如果直接从沙地上起飞，易造成无人机磨损。

三、海边

海边航拍，蓝天白云，风光无限好。用无人机可以拍出海边的美景，给人一种全身心的舒适感。

四、森林公园

森林公园水景居多，适合外拍。拍摄中应避免无人机贴近公园中的水面、湖面，避免给无人机的飞行带来安全隐患。如果一定要在水面飞行，建议飞得高一点。另外，建议不要在节假日到公园航拍，避免因游客较多而发生第三方人身损失。

任务二十五　认知 App 界面

一、主界面

在 App 主界面中，点击“开始飞行”按钮，如图 25–1 所示，即可进入无人机图传飞行界面。点击“设置”图标，可进入 App 信息界面，如图 25–2 所示。

图 25-1 “开始飞行”按钮

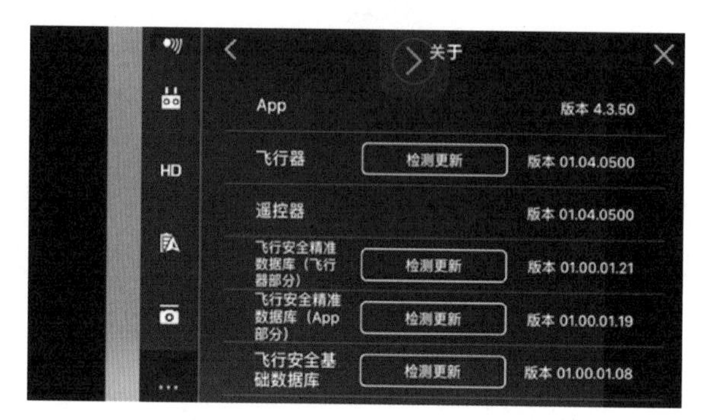

图 25-2 App 信息界面

二、无人机状态提示栏

在飞行界面左上角会显示无人机的飞行状态，如果无人机处于飞行中，则提示“飞行中”的信息，如图 25-3 所示；如果无人机无法起飞，则提示“无法起飞”信息。

图 25-3 无人机状态提示栏

三、飞行模式

在飞行界面中点击“飞行模式”图标，将进入“飞控参数设置”界面，如

图 25-4 所示，在此界面中可设置飞行器的返航点、返航高度以及新手模式等。

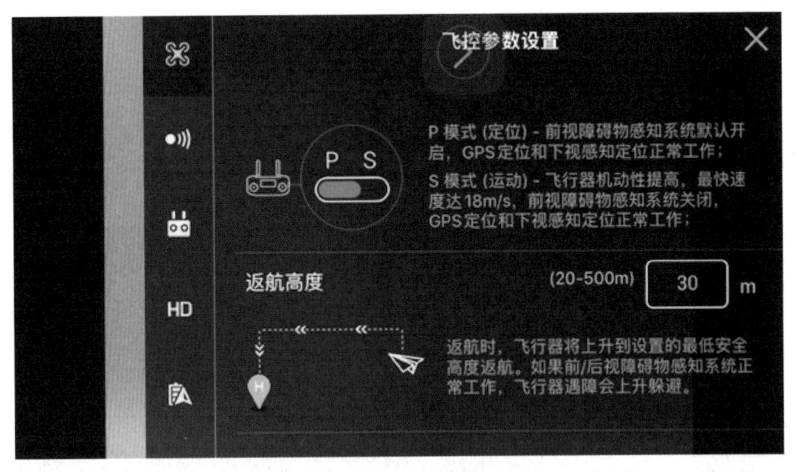

图 25-4 “飞控参数设置”界面

四、GPS 状态

在飞行界面中，从“GPS 状态”中可以看出 GPS 信号的强弱，如图 25-5 所示。如果只有一格信号，则说明当前 GPS 信号非常弱，此时如果强制起飞，会有炸机和丢机的风险；如果显示五格信号，则说明当前 GPS 信号非常强，操作者可以放心在室外起飞无人机设备。

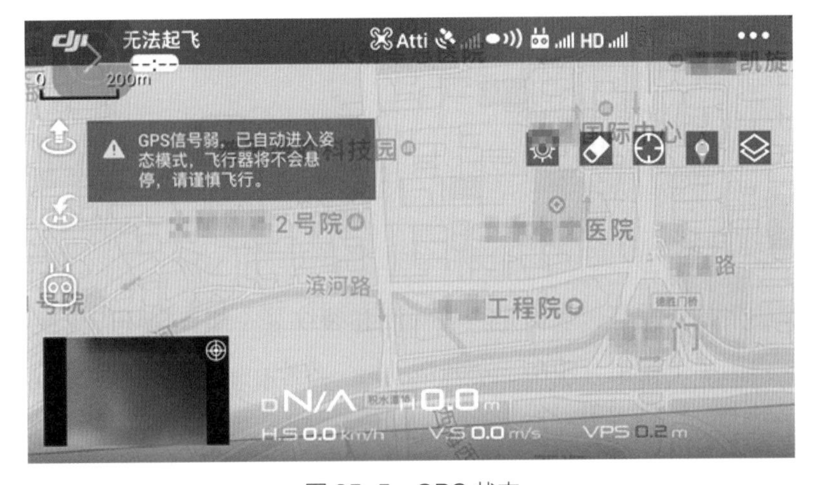

图 25-5　GPS 状态

五、启用视觉避障功能

在飞行界面中点击“障碍物感知功能”图标，将进入“感知设置”界面，如图 25-6 所示，在此可设置无人机的感知系统以及辅助照明等。

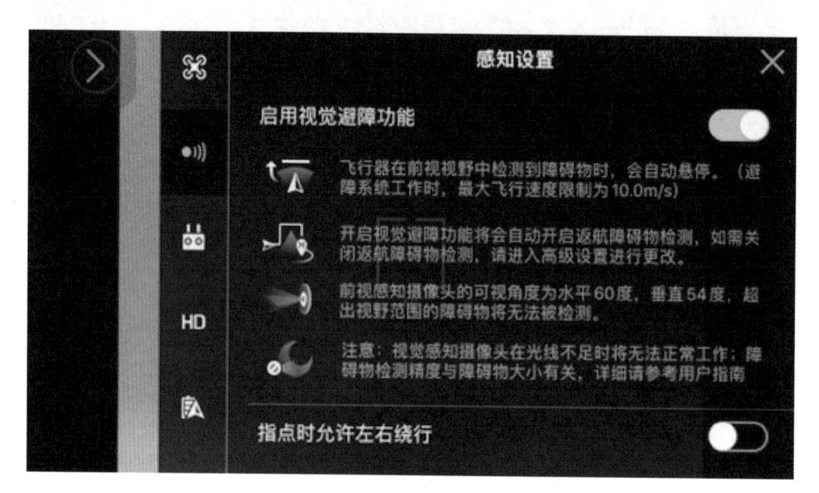

图 25-6 “感知设置”界面

任务二十六　起飞前的安全检查

一、上电前安全检查

1. 检查螺旋桨

检查螺旋桨是否完好，表面是否有污渍和裂纹等（如有损坏应更换新螺旋桨，以防止在飞行中无人机振动太大而发生意外）。检查其旋向是否正确，安装是否紧固，用手转动螺旋桨查看其旋转是否有阻碍等。

2. 检查电动机

检查电动机安装是否紧固，有无松动等现象，如发现电动机安装不紧固应停止飞行，使用相应工具将电动机安装固定好；用手转动电动机查看电动机旋转是否有卡涩现象，电动机绕组内部是否干净，电动机轴有无明显的弯曲。

3. 检查机架

检查机架是否牢固，螺丝有无松动现象。

4. 检查云台

检查云台转动是否顺畅，云台相机是否安装牢固。

5. 检查电池

检查飞行器电池安装是否正确，电池有无破损、鼓包胀气、漏液等现象。如出现上述现象，应立即停止飞行，更换电池，并检查电池电量是否充足。

6. 检查重心

检查飞行器的重心位置是否正确。

7. 检查接头

检查各接头是否紧密，插头与焊接部分是否有松动、虚焊、接触不良等现象。

8. 检查导线

（1）检查各导线外皮是否完好，有无剐擦脱皮等现象。

（2）检查导线有无断线。

（3）检查导线焊接是否牢靠，无松动、虚焊。

9. 检查电子设备

（1）检查电子设备是否安装牢固。

（2）检查电子设备表面是否清洁、无污物。

（3）检查电子设备的防护措施（防水、防尘等）是否完好。

10. 检查指南针、IMU

检查指南针、IMU 等的指向是否与无人机机头指向一致。首次飞行或本次飞行场地和上一次飞行场地有较大变动时，起飞前必须进行指南针校准。

11. 检查遥控器

检查遥控器设置是否正确，遥控器电池电量是否充足，各挡位是否处在相应位置，各摇杆微调是否为 0，保证上电前油门处于最低位置。

二、上电后安全检查

飞行器通、断电顺序：起飞前先接通遥控器电源，再接通飞行器电源；降落时先断开飞行器电源，再关闭遥控器电源。

1. 检查电调提示音是否正确，LED 灯闪烁是否正常；给遥控器、飞控系统上电，拨动控制模式开关，观察 LED 灯快闪次数；等待 LED 灯只显示 1 盏红灯或者不闪红灯时才可起飞。

2. 检查各电子设备有无异常情况，如异常振动、异常声音、异常发热等。

3. 检查云台工作是否正常。

4. 轻微推动油门，观察各电动机是否正常旋转。

三、飞行环境安全性检查

1. 飞行前用望远镜排查一遍电线等不易被观察到的障碍物。

2. 检查环境中是否存在干扰源，如信号发射台、高压电线、铁矿等。

3. 飞行路线要避开阻碍信号传输的障碍物，如小山、建筑物、较高楼群等；如果用 GPS 模式飞行还要注意是否存在类似天花板等阻碍卫星信号的环境。

4. 飞行路线尽量避开街道、人群、水面等危险区域。

5. 测试风力，风力在五级以上时尽量不要进行飞行作业。

任务二十七　拍摄参数设置

拍摄参数设置主要包括拍照模式设置、拍照尺寸与格式设置和视频尺寸设置等内容。

一、拍照模式设置

拍照有以下模式，操作者可根据自身需要选择设置，如图 27-1 所示。

图 27-1　设置拍照模式

1. 单拍模式

单拍指拍摄单张照片，这是使用最多的一种拍摄模式。

2. HDR 模式

HDR 全称为 high-dynamic range，即高动态范围图像，与普通图像相比，HDR 可以保留更多的阴影和高光细节。

3. 纯净夜拍模式

纯净夜拍可以用来拍摄夜景照片，这种模式下拍摄出来的夜景画面很纯净，质量较高。拍摄夜景时建议使用该模式。

4. 连拍模式

连拍指连续拍摄多张照片。在连拍模式下，如果选择“3”选项，则表示一次性连拍 3 张照片；如果选择“5”选项，则表示一次性连拍 5 张照片。

5. AEB 连拍模式

AEB 全称为 auto exposure bracketing，即自动包围曝光，开启后，无人机会使用不同的曝光补偿值连续拍摄 3 或 5 张照片（分别为标准、欠曝、过曝）。通过后期合成，可以获得一张曝光正确动态范围比较大的照片。此模式适用于拍摄静止的大光比场景。

6. 定时拍摄模式

定时拍摄指以所选择的间隔时间连续拍摄多张照片，包括 9 个不同的时间间隔可供用户选择。

7. 全景模式

全景拍摄是一种非常好用的拍摄功能，操作者可以拍摄 4 种不同的全景照片，即球形全景、180° 全景、广角全景以及竖拍全景。

二、拍照尺寸与格式设置

如图 27–2 所示，在拍照尺寸与格式设置界面中选择“照片比例”选项，即可设置照片的尺寸；选择“照片格式”选项，即可设置照片的格式。新手操作者可以选择“JPEG”格式（有损压缩格式），专业操作者建议选择“RAW”格式（未经压缩的格式，即原始图像编码数据）。

图 27-2　拍摄尺寸与格式设置

三、视频尺寸设置

操作者使用无人机拍摄视频之前，需要对视频的拍摄尺寸进行设置，以便拍摄的视频文件更加符合需求。

首先将无人机切换至“录像”模式，点击航拍界面右侧的“调整”按钮，进入相机调整界面。然后点击界面上方的“视频”按钮，进入视频设置界面。选择“视频尺寸”选项，进入“视频尺寸”设置界面，如图 27-3 所示，在其中选择适宜的视频尺寸即可。

图 27-3　视频尺寸设置

任务二十八　起飞与降落

一、起飞

起飞是无人机从地面升到空中一定高度的过程。无人机起飞时要控制上升速度，最好是稳定上升，防止粗猛操作造成飞行事故。

1. 起飞操作

（1）在执行完飞行前所有检查项目和指南针校准后，将无人机放置到空旷场地。

（2）搜星。在 GPS 模式下等待飞控系统搜索到 6 颗或 6 颗以上导航卫星，LED 灯显示 1 盏红灯或不闪灯。

（3）驾驶员距离无人机约 10 m，推杆，启动电动机。

（4）微推杆。启动电动机后，微推横滚、俯仰和偏航操纵杆，然后立刻回中，同时缓慢推动油门杆使无人机起飞。

2. 起飞注意事项

（1）飞控系统上电 36 s、搜索卫星颗数在 6 颗（含）以上，LED 灯显示 1 盏红灯或不闪灯 10 s 后，第一次启动电动机推油门杆时，飞控系统自动记录当前无人机位置。当 GPS 信号良好、无红灯闪烁时，LED 灯会显示紫灯，紫灯快闪 5 次，可确定返航点位置。

（2）在无人机起飞后，不能保持油门不变，而是在无人机到达一定高度（距离地面约 1 m）后开始减小油门，并不停地调整油门，使无人机在一定高度内徘徊。油门稍大，无人机上升；油门稍小，则无人机下降，驾驶员必须将油门控制好才可以使无人机保持一定飞行高度。在飞行过程中，要用摇杆适当调整无人机运动状态。

（3）在 GPS 模式或姿态模式下，当无人机达到预期高度时，保持油门、横滚、俯仰、尾舵摇杆处于中位，无人机可处于悬停状态。

3. 起飞过程中常见故障

（1）电动机无法启动。

原因：主控器无法读取 IMU 和 GPS 版本，或者 IMU 或 GPS 与主控器版本不匹配；指南针异常；遥控器未连接。

排除方法：升级 IMU、GPS 或主控固件；检查周围环境中是否有干扰源，重新校准指南针；重新连接遥控器。

（2）遥控器校准意外退出。

原因：遥控器校准时数值不正确，遥控器校准后中位偏差过大。

排除方法：重新校准遥控器。

（3）遥控器无法正确传输指令。

原因：遥控器通道映射错误。

排除方法：重新设置遥控器通道，以确保接收机的 A、E、T、R、U 通道映射正确。

（4）主控器无反应。

原因：主控器被锁住。

排除方法：解锁主控器，并重新确认调参中的参数配置。

（5）电动机启动后无反应。

原因：无电源信号。

排除方法：连接 IMU。IMU 未连接时，电动机将无法启动。

（6）无人机在姿态模式下，电动机停转后无法启动。

原因：在调参中设置了限高限远功能参数。

排除方法：重新设置参数或解除此项限制功能。

（7）无人机 LED 灯闪白灯，电动机无法启动。

原因：电动机故障，或接收天线松动，导致无人机和遥控器之间信号接收不良。

排除方法：更换电动机，或紧固天线。

二、降落

降落是无人机从空中安全降到地面的过程。无人机降落时要控制下降速度，缓慢下降，防止落地时撞击损坏。

1. 降落操作

（1）减小油门，使无人机缓慢接近地面，在离地面 5 ~ 10 cm 处稍稍推动油门，降低下降速度。

（2）再次减小油门直至无人机触地（触地后不得推动油门）。

（3）待油门降到最低时，锁定飞控。

2. 降落注意事项

降落过程应保证无人机的稳定，无人机摆动幅度不可过大，否则降落过程中有打坏螺旋桨的风险。

思考与练习

1. 无人机飞行前的安全检查项目有哪些？
2. 哪些因素会影响无人机飞行安全？
3. 风对无人机飞行有什么影响？
4. 无人机飞行过程中突发情况应怎样处理？

项目五

无人机航拍技术技巧

学习目标

通过学习掌握航拍准备内容及要求，掌握航拍构图方法，掌握 11 种航拍飞行技巧、18 种航拍技巧以及 7 种航摄技巧，掌握夜景拍摄、雪景拍摄、延时拍摄等特殊环境拍摄技巧。

任务二十九　航拍准备

航拍准备是指为顺利进行航拍，在无人机、天气、环境、器材、心理等方面所进行的准备工作，主要包括天气准备、航拍规划、准备航拍飞行平台、准备航拍器材和把握航拍节奏等内容。

一、天气准备

天气准备是指根据收集到的气温、湿度、风向、风速和气压等数据，选择合适的拍摄时间，以获得能够满足需求的拍摄光线。

1. 选择拍摄时间

一天当中，早、中、晚的景色是不同的，落实到相机或摄像机的色温也不同。例如：选择正午拍摄，受阳光直射影响，画面成像会显得平淡无奇；日出及日落时间最适宜拍摄，在朝阳或夕阳的照射下，被摄对象会显得更加立体。

2. 选择季节及天气

无人机航拍受季节性天气情况影响较大，晴空万里的天气每个季节都有，但同样的景别，会因四季温度的不同呈现出不同的景色。例如，在冬天，树木的叶子所剩无几，颜色寡淡，用无人机进行空中拍摄，画面色彩单一；在春天和夏天，生机盎然，易于拍出很多高质量的航拍作品；在秋天，尤其是九月、十月，秋高气爽，天高云淡，视野开阔，景物清晰，是航拍的最佳时机。

3. 关注天气预报

如果一次航拍需要两三天甚至更长时间，那么，期间天气的变化、拍摄时间的早晚都会对拍摄效果产生影响。要保证画面符合技术标准，达到全片色调一致、信号指标准确统一的效果，就需要关注天气预报，选择在一段气候条件相对较好的时间进行拍摄。

二、航拍规划

航拍规划是指根据航拍任务需求所进行的准备方案、规划航线、准备切入点、预演、准备参照物、准备光线等工作。

1. 准备方案

准备方案是指拍摄之前，根据拍摄脚本制订周密的拍摄计划方案。拍摄者要对地面拍摄范围内的所有景物进行整体观察和综合分析，找出最能代表某地形象、气质和品格的景物，并通过感官的提炼使要表现的景物更加形象化。

2. 规划航线

规划航线是指根据拍摄连续性的特点，确定航拍线路、方位、高度和频次等，形成连贯的结构方案，做到全局在胸。

3. 准备切入点

准备切入点是指进行空中拍摄时，事先计划好从什么地方起飞、到什么位置、用什么角度拍摄最具代表性的景物。

4. 预演

预演是正式拍摄前的“彩排”。

5. 准备参照物

准备参照物是指拍摄过程中，要以地平线作为参照物，尽量保持画面视觉元素的均衡、完整、统一和平稳。

6. 准备光线

准备光线是指拍摄时应根据光线的变化，借助景物线条透视原理，使画面产生纵深感和空间感。拍摄时一般采用侧逆光，多运用竖线条，给人一种气势宏大、坚实、庄严、高耸的感觉，使被摄对象产生强烈的冲击力。航拍中，斜线条的运用也较为广泛，目的是使景物在光影中形成斜坡形线条，使画面产生纵深感。

三、准备航拍飞行平台

准备航拍飞行平台是指根据不同的航拍任务需求选择合适的飞行平台。常用的航拍飞行平台有消费级航拍无人机平台和专业级航拍无人机平台。

1. 消费级航拍无人机平台

消费级航拍无人机平台是进行一般性记录拍摄任务的航拍平台。其特点是体积较小，便于携带，易于操控，性价比和安全性高，且具有室外 GPS 定位悬停和室内定位悬停功能，无论是在室内还是室外环境，都能胜任拍摄任务。消费级航拍无人机平台适用于婚礼、庆典、小型活动等拍摄任务。

2. 专业级航拍无人机平台

专业级航拍无人机平台是进行专业性记录拍摄任务（竞技比赛类航拍、影视剧）的航拍平台。其特点是稳定性更高，清晰度更高，续航时间更长，可控制性更强，拍摄的影像品质更高，同时价格也更高，适宜专业人士使用。大疆筋斗云S1000、零度智控 E1100V3 等都属于专业级航拍无人机平台。

四、准备航拍器材

准备航拍器材是指准备用于航拍的相机、镜头、电池、存储卡，并进行拍摄制式设置和功能测试等准备工作。具体包括以下内容：

1. 根据航拍任务对画面的要求，选用合适的相机和镜头。

2. 根据镜头口径，准备好常用的 ND 镜（neutral density filter，中灰密度镜，作用是过滤光线）。

3. 给相机电池充电并准备好备用电池、存储卡等。

4. 确定视频拍摄制式（一般选择 PAL 制）、感光度、光圈值等。

5. 将所有系统软件升级到最新版本。

6. 完成图传和各项操作功能测试。

五、把握航拍节奏

把握航拍节奏是根据拍摄内容、拍摄强度、操作者的身体状况以及无人机本身的续航时间，合理安排拍摄镜头，将分散的对象按照一定间隔有序组织起来，优化拍摄的过程。

航拍的节奏要根据具体拍摄的主题并结合航拍的特点来把握，要与主体节奏相一致，这样才能更好地表现主题。

在此以电视剧拍摄为例，电视剧的摄影师要根据电视片的结构安排，深入了解文字稿本的内容是什么、重点是什么、前后内容是怎样衔接和过渡的，在此基础上确定什么地方要慢、什么地方要快，事先与无人机驾驶员沟通好，做到繁简得当、快慢结合，使人感到内容广泛、层次清晰、结构合理。

在航拍过程中，驾驶员要充分考虑无人机本身的特点，把握住拍摄节奏。一般来说，在表现名山大川的绮丽风光时大多采用比较舒缓的节奏，而反映建设成就高速发展时多采用较为明快的节奏。

任务三十　航拍构图

航拍中的构图主要有摄影构图与航拍构图两种类型，本任务只介绍航拍构图。

一、构图特性

构图特性是构图应遵循的规律。航拍的构图特性主要体现在以下方面。

1. 运动性

运动性是指构图过程中的静态、动态意境表现形式。静态意境通常表示主观、唯美，发挥刻意、强调的作用；动态意境通常表示随意、纪实或是下意识的反应，突出流畅和建立全新的视觉形式。

2. 完整性

完整性包括场景的完整性和风格的完整性。

（1）场景的完整性。通常指航拍构图场景要保持整体画面的完整、一致。

（2）风格的完整性。通常指一种构图风格贯穿全片。

3. 场景空间的限制性

场景空间的限制性是指航拍构图在一定空间场景中表达作者意图所受到的限制，主要包括空间限制和构图风格限制。

（1）空间限制。所有的构图都是在一定的场景空间中实现的。

（2）构图风格限制。在航拍构图中，场景不仅承担着叙事和表意的作用，还是构图创意发挥的物质基础，因而在构图时一定要考虑场景空间。

4. 多视点和多角度

多视点是指在航拍同一个画面中，融合了从不同视点（摄像机、导演、观众）、不同方向看到的视界景象。

多角度是指在航拍同一人物、景物时，不同的航拍角度和构图方式会产生不同的效果。

多视点是构图的核心，充分利用航拍构图多视点的特点，可以让构图有新颖感。

多角度是构图的关键，角度决定构图，好的角度一定是“找”出来的，而不是摆出来的。要想得到好的角度，一定要有“寻找”的思维，这样才能在作品中创造视觉的新鲜感，也就是形式感。

5. 画面比例的固定性

画面比例的固定性是指摄像机拍摄的画面比例或显示器播放的画面比例的不可变动性。常用的画面比例如下。

（1）1：1.33，即通常说的 4：3。

（2）1：1.85，即通常说的 16：9，高清电视采用此格式。

（3）1：2.35，即通常说的宽银幕。

6. 现场拍摄的不可修改性

现场拍摄的不可修改性是指对于拍摄完毕的画面，其运动性、完整性、空间限制性及画面比例等基本不变，拍摄画面已经固定，不可修改。一旦在现场确定了构图，后期是不能做出太大修改的。因此，在拍摄之前，就应该把构图的设想考虑完整，而不是到后期再做修改。

二、航拍常用构图

1. 三分法构图

三分法构图是指将被摄主体安排在画面三分线位置进行拍摄，即将画面横向或纵向平均分成 3 份，利用这些等分线来构建画面。三分法构图往往会给画面带来和谐、优美、生动等效果。不同的三分线形式在拍摄不同的主体时，使用方法也是不同的，一般情况下，在拍摄风光题材的照片时，常用横向的三分法构图，如图 30–1 所示。

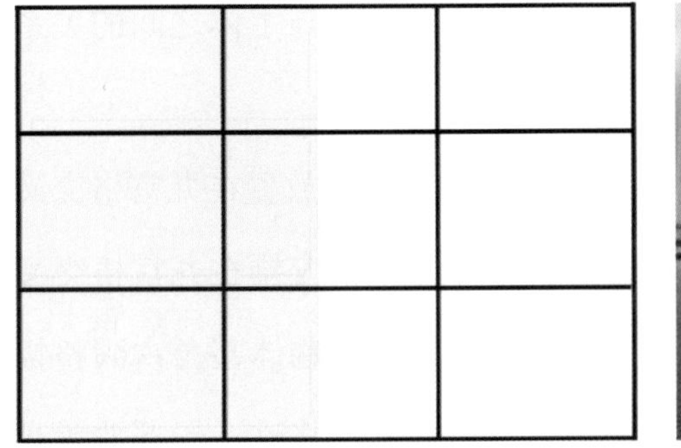

图 30–1　三分法构图及作品示例

2. 九宫格构图

九宫格构图是指在构建画面时，以虚拟的四条直线将画面横竖平均分成 9 份，使取景画面形成 9 个方形空格，将被摄主体安排在九宫格交叉点位置来完成构图。

九宫格构图是常见的、最基础的构图方式，这种构图方式也是黄金分割法构图的一种。

九宫格交叉点是画面中最吸引人的位置，将被摄主体放在这些交叉点上，便可以使主体在画面中得到突出呈现，同时也能使整个画面呈现出变化动感的效果。

如图 30-2 所示，拍摄荷花时，将荷花安排在九宫格的交叉点上，使荷花得到突出表现。

图 30-2　九宫格构图作品示例 1

需要注意的是，在实际应用九宫格构图时，将被摄主体安排在四个不同的交叉点上会带给画面不同的视觉效果，需要拍摄者根据拍摄环境与主体之间的关系因地制宜地进行安排。

如图 30-3 所示，当被摄主体是比较小的物体时，可以将其放置在九宫格交叉点上突出表现，如拍摄猫咪的头部特写时，可以将猫咪的眼睛安排在九宫格交叉点位置，突出表现猫咪的生动可爱；而当被摄主体是比较大的物体甚至占满整幅画面时，如果想要突出主体的局部，也可以使用九宫格构图，将这一局部放置在九宫格交叉点上，如黄色猫咪在屋顶上的九宫格构图。

图 30-3　九宫格构图作品示例 2

3. 对角线构图

对角线构图是指利用被摄主体存在的对角线关系进行构图，如图 30–4 所示。对角线关系可以是景物本身就具有的对角线形态，也可以将一些倾斜的或横平竖直的景物，利用倾斜相机的方式将其以对角线的方式表现在画面中。

利用画面中的对角线元素进行构图，不但可以使被摄主体在画面中得以突出，而且可以增加画面的纵深效果和透视效果，让画面更具动感与生机。

4. S 形曲线构图

S 形曲线构图是指利用画面中类似 S 形曲线元素的景物来构建画面构图。

一般认为，S 形曲线是我们接触到的线条元素中最具美感的元素，利用 S 形曲线构图拍摄，可以将被摄主体的形态充分表现在画面中。有远景、近景等空间效果的场景最适合使用 S 形曲线进行构图拍摄。S 形在画面中具有延长变化的作用，可以使画面中毫无关联的事物通过 S 形曲线连接起来，形成统一和谐的整体画面。例如，拍摄崎岖的盘山公路，可以将远景的山峦和近景的树木通过公路产生联系，形成一幅优美的画面。

画面中的 S 形曲线并不一定是一个标准、完整的 S 形，一些带有不规则线条的事物，即使线条的弧度并不是很明显，也可以进行 S 形曲线构图，如图 30–5 所示。

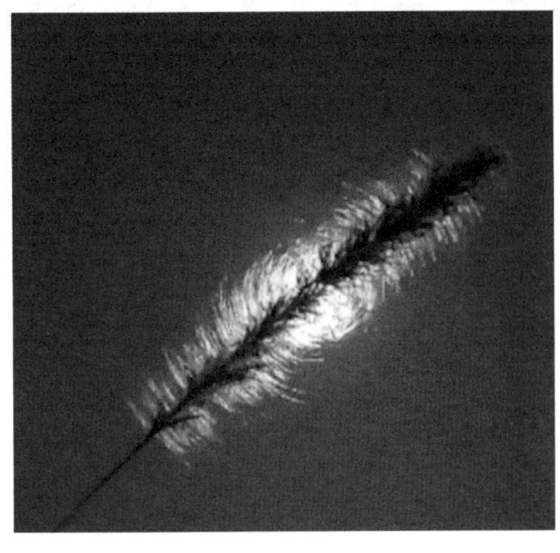

图 30–4 对角线构图作品示例

图 30–5 S 形曲线构图作品示例

5. L形构图

L形构图是指利用画面中具有类似L形元素的被摄主体进行构图，如图30–6所示。

日常生活中，具有类似L形元素的景物是很常见的，例如，风光摄影中的树木、公路、帆船等都可以作为构图元素使用。L形构图能够给人带来稳定、安静、挺拔的感觉，还会给画面带来一定的视觉延伸感。

6. 垂直线构图

垂直线构图是指利用画面中的垂直线条元素进行画面构图，如图30–7所示。

垂直线本身会给人稳定、安静的视觉感受，所以将垂直线应用到航拍构图中也会使画面呈现出高耸、挺拔、庄严、稳重、硬朗等感觉。如拍摄古典建筑，用垂直线构图可以让图像更加大气，带来一种坚实、挺拔的画面感。

图30-6　L形构图作品示例

图30-7　垂直线构图作品示例

7. 汇聚线构图

汇聚线构图是指利用出现在画面中的一些线条元素向画面相同的方向汇聚延伸，最终汇聚到画面中某一位置的汇聚现象来进行构图。汇聚线构图可以增加画面的空间纵深感，常用于风光纪实、建筑等题材中想要表现较大汇聚效果和透视效果的画面拍摄。拍摄时，可以将数码单反相机的镜头换成广角镜头，这样画面中的汇聚效果和透视效果会更加明显。

汇聚线构图中的线条元素可以是清晰的线条，也可以是出现在画面中的一些虚拟线段，如街道旁的树木等，如图 30–8 所示。

图 30–8　汇聚线构图作品示例 1

汇聚线条越集聚，透视的纵深感就越强烈，可以使普通的二维平面照片呈现出三维立体空间效果，如图 30–9 所示。

图 30–9　汇聚线构图作品示例 2

8. 中心点构图

中心点构图是指将被摄主体放在画面中心位置进行构图。这种构图方式可以有效强调画面中的主体，使主体在画面中更加突出、明确。

应用中心点构图进行实际拍摄时，要避免出现在画面中的景物有太多联系，只保留位于画面中心的一个兴趣点即可，这样可以使整个画面简洁明了，有利于展现出被摄主体的细节特征，如图 30–10 和图 30–11 所示。

图 30–10 中心点构图作品示例 1

图 30–11 中心点构图作品示例 2

需要注意的是，有些拍摄环境中的主体过于简单平淡，如果直接使用中心点构图进行拍摄，很可能导致画面过于乏味、单调，缺少吸引力。

9. 多点构图

多点构图是指在拍摄的画面中不只有一个主体，而是有多个相似的主体或多个一模一样的主体，将这些主体以多点布局的形态安排在画面中的构图，如图 30–12 所示。

应用多点构图进行拍摄时，画面中出现多个主体，可以促使人们看到画面后产生好奇心，使画面更具有吸引力；同时，将这些相似或相同的主体以多点布局的方式安排在画面中，也增强了画面的协调性。

图 30-12　多点构图作品示例

10. 框架式构图

框架式构图是指在拍摄照片时利用主体周边的景物形成一个类似框架的边框，并将主体安排在这个边框中的构图，如图 30-13 所示。利用框架式构图拍摄的照片，可以突出框架内的主体，而通常框架元素又是照片的前景，可以增加画面空间感与现场感。

图 30-13　框架式构图作品示例

框架元素可以是实体的框架，也可以是虚拟的框架。一般实体框架多用于增加画面的趣味性与空间感，如门窗、树木、山洞等，拍摄建筑时，常利用门框等形成的框架元素进行构图，使照片更加有趣；而虚拟框架则常用于突出主体、增强画面形式感，如呈框架形式出现在画面中的一些虚拟色块、线条等。

需要注意的是，拍摄时应保持主体与框架之间的协调性，保持框架与主体的大小搭配合理，不要将框架内的景物拍摄得太小，否则拍摄出的画面会给人很突兀的感觉。

11. 三角形构图

三角形构图是指画面中有多个被摄主体时，利用不同的拍摄角度或不同的拍摄位置将这些被摄主体以三角形的形态构建在画面中。航拍构图时，并不要求被摄主体所形成的三角形是标准的三角形形态，也可以是不规则的三角形，或是上下颠倒、斜三角的形态，如图 30–14 所示。

图 30-14　三角形构图作品示例

12. 对称构图

对称构图是指利用被摄主体所具有的对称关系进行构图。

对称图形本身会给人以均衡、稳定的感觉，而将这种对称关系应用到航拍构图中，也会使拍摄出的照片给人以和谐、均衡、稳定、正式的感觉。

对称一般分为斜对称和正对称两种，对称构图也有斜对称构图和正对称构图之分，如图 30-15 和图 30-16 所示。

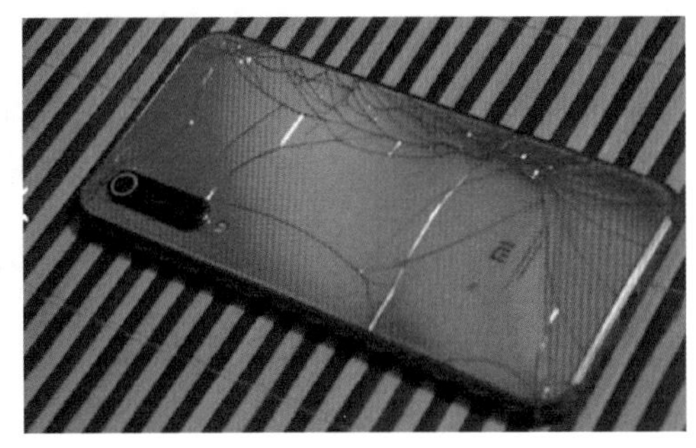

图 30-15　斜对称构图作品示例

图 30-16　正对称构图作品示例

13. 倒置构图

倒置构图是一种将主体按照倒立形态进行构图的特殊方式，即“头朝下、脚朝上”。如给猫咪拍照时，如果猫咪是躺着的姿势，就可以利用倒置构图进行拍摄，这样会使画面产生独特的视觉效果，给人耳目一新的感觉，如图 30-17 所示。

14. V 形构图

V 形构图又称风景剪刀，是指在拍摄时，利用被摄主体对空间进行划分，使空间形成V字形，或利用其自身具有的V字形进行构图，如图30-18所示。

V形构图的作用与S形曲线构图相似，可以有效增强画面的空间感，同时使画面得到更为有趣的分割；二者不同的是，曲线换成了直线，且直线更容易分割画面，凸显画面各元素之间的微妙关系，画面有棱有角。

图30-17　倒置构图作品示例

图30-18　V形构图作品示例

任务三十一　航拍飞行技巧

航拍飞行技巧是指使用无人机进行航拍时，操控无人机飞行的动作技巧。常用的航拍飞行技巧如下。

一、向后飞行

向后飞行是指使用无人机进行航拍飞行时，先调整好镜头的角度，使其对准拍摄目标，然后将右侧的摇杆缓慢往下推，操控无人机向后倒退飞行，使其离拍摄目标越来越远的航拍飞行技巧。

操控无人机向后飞行过程中，一定要注意无人机后方是否有障碍物或其他危险对象。

二、向左飞行

向左飞行是指使用无人机进行航拍飞行时，先上推左摇杆，使无人机到达拍摄高度，再调整好云台和相机设置，使其对准拍摄目标，然后向左轻推右摇杆，操控无人机向左飞行的技巧。

三、向上飞行

向上飞行是指使用无人机进行航拍飞行时，先调整好云台和相机位置，使其对准拍摄目标，然后缓慢向上推左摇杆，操控无人机缓慢向上飞行的技巧。

操控无人机向上飞行时，幅度要小一点、缓一点、稳一点。当无人机上升至一定高度后，其高度、旋转角度均保持不变，处于空中悬停的状态。飞行过程中，应尽量避免无人机在地面附近盘旋。

四、向下降落

向下降落是指使用无人机进行航拍飞行时，缓慢向下推左摇杆，操控无人机从一定高度向下降落的技巧。

当无人机从高空向下降落时，一定要缓慢进行，以免地面气流影响到无人机的稳定性。无人机向下降落过程中，如果看到了美丽的风景，也可以停止向下降落操作，按下遥控器上的“对焦 / 拍照”按钮，即可拍照；按下遥控器上的“录影”按钮，即可拍摄视频。拍摄完成后，将左侧的摇杆缓慢地往下推，无人机将继续向下降落。

五、向前飞行

向前飞行是指使用无人机进行航拍飞行时，调整好云台和相机镜头的位置，左摇杆保持不变，上推右摇杆，操控无人机向前飞行的技巧。从驾驶员的方向看，向前飞行是无人机飞离驾驶员的过程。

六、向右飞行

向右飞行是指使用无人机进行航拍飞行时，先调整好云台和相机位置，使其对准拍摄目标，然后右推右摇杆操控无人机向右飞行的技巧。向右飞行过程中左摇杆不动，以保证无人机飞行高度不变。

七、环绕飞行

环绕飞行是指使用无人机进行航拍飞行时，调整云台和相机位置，使其对准拍摄目标，上推右摇杆使无人机向前飞行，同时左（或右）推左摇杆，操控无人机围绕某一个物体进行 360° 环绕飞行的技巧。

操控无人机进行环绕飞行时，切记应使无人机围绕拍摄对象进行 360° 环绕飞行，这种飞行方式与原地旋转 360° 飞行有本质区别：原地旋转 360° 飞行是指原地不动旋转 360°，而环绕飞行是指绕拍摄对象画圈进行 360° 飞行。

环绕飞行的具体操作步骤如下。

1. 操控无人机上升到一定高度，使相机镜头朝向前方。

2. 右手向上推动右摇杆，同时左手向左推动左摇杆，使无人机向前、向左进行旋转飞行（左环绕飞行）。如果希望无人机向右进行旋转飞行，只需右手向上推动右摇杆，左手向右推动左摇杆（右环绕飞行）。

注意：推杆的幅度和力度决定无人机所画圆圈的大小和飞行的速度，推杆的幅度和力度应小一点。

八、方形飞行

方形飞行是指在无人机飞行高度不变的情况下，调整好云台和相机位置，左摇杆保持位置不变，首先上推右摇杆，使无人机向前飞行；然后左（或右）推右摇杆，使无人机向左（或向右）飞行；再下推右摇杆，使无人机后退飞行；最后右（或左）推右摇杆，操控无人机向右（或向左）飞行回到起飞位置的飞行技巧。

练习方形飞行时，无人机应按照设定的方形路线飞行，如图 31–1 所示，相机镜头的朝向不变，无人机的旋转角度不变，只通过上、下、左、右推动右摇杆来调整无人机飞行方向即可。

方形飞行的具体操作步骤如下。

1. 向上推动左摇杆，操控无人机上升到一定的高度，保持无人机相机镜头在操作者站立的正前方。

图 31–1　方形飞行

2. 向左推动右摇杆，无人机将向左飞行。

3. 向上推动右摇杆，无人机将向前飞行。

4. 连续向右推动右摇杆，无人机将向右飞行。

5. 连续向下推动右摇杆，无人机将向后倒退飞行，悬停在刚开始起飞的位置。

九、飞进飞出

飞进飞出是指操控无人机向前飞行一段路径后，通过向左或向右旋转 180°，再飞回的技巧，如图 31–2 所示。

无人机飞进飞出的具体操作步骤如下。

1. 操控无人机飞行到正前方，上升到一定高度，保持相机镜头朝向前方。

2. 右手向上推动右摇杆，无人机将向前飞行。

3. 右手向上推动右摇杆的动作保持不变，无人机缓慢向前飞行的同时，左手向左推动左摇杆，使无人机向左旋转 180°。

图 31-2　飞进飞出

4. 旋转完成后，释放左手的摇杆，继续用右手向上推动右摇杆，无人机将向前飞行，即迎面飞回。

5. 飞到起飞位置后，用左手向左推动左摇杆，使无人机向左旋转 180°；或者，用左手向右推动左摇杆，使无人机向右旋转 180°。

执行上述步骤后，即可完成无人机飞进飞出的操作练习。

十、向上并向前飞行

向上并向前飞行是指使用无人机进行航拍飞行时，操控无人机向上并向前飞行的技巧。

向上并向前飞行需要左、右手同时操作摇杆，具体操作步骤如下。

1. 左侧的摇杆缓慢向上推，无人机即向上飞行。

2. 同时将右侧的摇杆缓慢向上推，无人机即向上并向前飞行。

十一、展现镜头飞行

展现镜头飞行是指使用无人机进行航拍飞行时，操控无人机向前飞行，并逐渐展现镜头中内容的飞行技巧。

展现镜头飞行所获得的拍摄效果会给人一种“柳暗花明又一村”的感觉，一般在大型电影或者影视剧的开头部分会使用这样的效果，比如，开始拍摄一座山，山后面有一个美丽的小村庄，小村庄后面有一个大型的赛马场，赛马场后面有一片清澈的湖。

展现镜头飞行的具体操作步骤如下。

1. 右手向上推动右摇杆，无人机将向前飞行，此过程速度一定要慢。

2. 左手同时慢慢拨动“云台俯仰”拨轮，将镜头向上倾斜，逐渐展现出需要拍摄的对象。

注：如果想拍出倒退的展现镜头，那么遥控器的操作刚好相反，即右手向下

推动右摇杆，无人机将向后倒退，在倒退的同时慢慢拨动“云台俯仰”拨轮，将镜头向下倾斜，逐渐展现出需要拍摄的对象。

任务三十二　航拍技巧

航拍技巧是指随无人机飞行操控镜头运行的技巧。常用的航拍技巧如下。

一、远角平飞

远角平飞是指以目标为构图中心，调整好云台和相机的位置，左摇杆位置不变（保持高度），右摇杆上推到一定位置保持不变（保持前进速度），操控无人机在较远处平行飞行拍摄的技巧。拍摄过程中无人机和镜头保持一个姿势往前飞。远角平飞是最基本的航拍技巧，主要针对标志性建筑等较突出目标。

二、俯首向前

俯首向前是指在起飞前调整好镜头的角度（斜向下方），然后上推左摇杆使无人机上升到一定高度，然后上推右摇杆，使无人机保持直线向前飞行的一种拍摄技巧。拍摄时，镜头始终指向前下方，使景物快速由远而近，给人以视觉冲击。

三、镜头垂直向前

镜头垂直向前是指起飞前将镜头调整到与地面垂直，上推左摇杆使无人机上升到一定高度，然后上推右摇杆，操控无人机保持直线向前飞行的一种拍摄技巧。

四、向前拉高

向前拉高是指操控无人机先以较低高度向前飞行，接近被摄对象时逐渐拉高，使无人机从物体上方飞过的一种拍摄技巧，如图 32–1 所示。具体操作步骤如下。

1. 将左摇杆缓慢上推，无人机缓慢上升到一定高度后，保持摇杆位置不变。

2. 缓慢上推右摇杆，无人机缓慢向前飞行，保持右摇杆位置不变，从而保证飞行速度不变。

3. 接近被摄对象时继续上推左摇杆，即使无人机在向前飞行过程中拉升高度。

图 32–1　向前拉高

五、拉高低头

拉高低头是指操控无人机从物体上空飞过，镜头一直注视着被摄对象直到与地面垂直的拍摄技巧，如图 32–2 所示。具体操作步骤如下。

1. 将左摇杆缓慢上推，无人机将缓慢上升，上升到高于被摄对象时，保持摇杆位置不变。

2. 右手缓慢上推右摇杆，使无人机对准目标缓慢前行；同时左手拨动遥控器背面的“云台俯仰”拨轮，实时调节云台的俯仰角度，直到 90°，即可完成拉高低头的飞行拍摄。

图 32-2　拉高低头

六、直线横移

直线横移是指操控无人机和镜头在横移时保持姿态和高度不变的拍摄技巧。具体操作步骤如下。

1. 上推左摇杆，使无人机上升到拍摄高度。

2. 调整好云台和相机姿态。

3. 左（或右）推右摇杆，使无人机向左（或右）直线横移。

七、横移拉高

横移拉高是指操控无人机和镜头保持一个姿态不变，在横移时拉升其高度的拍摄技巧，如图 32–3 所示。具体操作步骤如下。

1. 上推左摇杆，使无人机上升到拍摄高度。

2. 调整好云台和相机姿态。

3. 上推左摇杆，同时左（或右）推右摇杆使无人机上升的同时向左（或向右）横移。

图 32-3　横移拉高

八、横移 + 拉高 + 向前

横移 + 拉高 + 向前是指操控无人机和镜头保持一个姿态不变，在向斜前方横移的同时拉升其高度的拍摄技巧。具体操作步骤如下。

1. 上推左摇杆，使无人机上升到拍摄高度。

2. 调整好云台和相机姿态。

3. 上推左摇杆，同时左上（或右上）推右摇杆，使无人机在上升、向左（或向右）横移的同时向前飞行。

九、横移 + 拉高 + 后退

横移 + 拉高 + 后退是指操控无人机和镜头保持一个姿态不变，在向斜后方横移的同时拉升其高度的拍摄技巧。具体操作步骤如下。

1. 上推左摇杆，使无人机上升到拍摄高度。

2. 调整好云台和相机姿态。

3. 上推左摇杆，同时左下（或右下）推右摇杆，使无人机在上升、向左（或向右）横移的同时向后飞行。

十、向前 + 拉高 + 转身 + 横移

向前 + 拉高 + 转身 + 横移是指操控无人机接近被摄对象时，保持向前拉高的同时逐渐把镜头转为横移的拍摄技巧，如图 32–4 所示。具体操作步骤如下。

1. 上推左摇杆，使无人机上升到拍摄高度。

图 32–4　向前 + 拉高 + 转身 + 横移

2. 调整好云台和相机姿态。

3. 上推右摇杆，同时上推左摇杆，使无人机向前飞行的同时拉升高度。

4. 飞临被摄对象时，左（或右）推左摇杆，使无人机旋转 180°，同时控制云台使相机转为横移。

十一、目标环绕

目标环绕是指操控无人机和镜头保持一个姿态不变，以目标为原点，圆周环绕飞行的拍摄技巧，常用于静态航拍目标，多对立柱目标使用，如旗帜、风车、灯塔等。具体操作步骤如下。

1. 上推左摇杆，使无人机上升到拍摄高度，保持摇杆位置不变。

2. 操控云台和相机，对准目标。

3. 上推右摇杆，使无人机向前飞行。

4. 同时向左（或右）推动右摇杆，使无人机向左（或右）飞行，推杆幅度要小一点。

5. 同时左（或右）推左摇杆，使无人机向左（或右）进行旋转，绕着目标旋转飞行。

6. 当侧飞的偏移和旋转的偏移达到平衡后，即可将目标一直锁定在画面中。

对于左手操控油门的驾驶员来说，两个摇杆逆时针同时向外，顺时针同时向内。

十二、向前 + 环绕

向前 + 环绕是指操控无人机从向前逐渐转向左（或右）横移，控制方向向右（左）旋转的拍摄技巧，如图 32–5 所示。具体操作步骤如下。

1. 上推左摇杆，使无人机上升到拍摄高度，保持左摇杆位置不变。

2. 调整好云台和相机姿态。

3. 上推右摇杆，使无人机对准目标向前飞行。

4. 距离目标一定距离时，右（或左）推右摇杆，使无人机向右（或左）前方飞行。

5. 同时左（或右）推左摇杆，使无人机向左（或右）旋转。

6. 左（或右）推右摇杆，使无人机向左（或右）前方飞行。

7. 右摇杆回中，保持在上推位置，同时左摇杆回中，保持在上推位置，使无人机恢复向前飞行状态。

图 32-5　向前 + 环绕

十三、飞越回头

飞越回头是一种经典的双控拍摄技巧，飞手直接控制无人机飞越目标，云台手控制镜头，使目标始终在画面中间位置。这种拍摄技巧使无人机从目标上方或侧上方飞跃而过，镜头离目标主体较近，会给人一种飞跃的感觉。具体操作步骤如下。

1. 上推左摇杆，使无人机上升到拍摄高度。

2. 调整好云台和相机姿态，使镜头对准目标。

3. 上推右摇杆，使无人机对着目标飞行。

4. 调整云台和镜头的角度，使之对准目标的位置不变，即镜头慢慢向下倾斜，到达目标上空时，镜头垂直向下，无人机飞跃而过。

5. 左（或右）推左摇杆使无人机进行 180° 转向，无人机从前飞转向侧飞再转向倒飞。

6. 操控云台和相机慢慢抬起镜头。

十四、侧身向前

侧身向前是指无人机侧身向前飞行，镜头与机头方向一致的拍摄技巧。具体操作步骤如下。

1. 操控无人机上升至目标侧面，斜对目标。

2. 右手向右（或左）上方推动右摇杆，使无人机向右（或左）前方直线飞行。

3. 适当控制右手向右（或左）上方的舵量，保持无人机与目标之间的距离。

十五、侧身向前 + 转身 + 侧身后退

侧身向前 + 转身 + 侧身后退是指操控无人机由侧身向前飞行，旋转 180° 转到侧身向后的拍摄技巧，如图 32–6 所示。具体操作步骤如下。

1. 操控无人机上升至目标侧面，斜对目标。

2. 右手向右（或左）前方推动摇杆，使无人机向右（或左）前方直线飞行。

3. 适当控制右手向右（或左）上方的舵量，保持无人机与目标之间的距离。

4. 当无人机飞至目标正对面时，左手向左（或右）推动摇杆，使无人机旋转 180°，实现转身。

5. 同时右手向左（或右）下方推动摇杆，使无人机向左（或右）后方直线飞行。

图 32-6　侧身向前 + 转身 + 侧身后退

十六、俯首后退

俯首后退是指在起飞前调整好镜头的角度（斜向下方），然后使无人机保持直线后退飞行的一种拍摄技巧。操作时要特别小心附近的障碍物，以保障拍摄安全。具体操作步骤如下。

1. 左手上推左摇杆，使无人机上升至拍摄高度。

2. 右手向上推动右摇杆，使无人机向前飞行至目标前方悬停。

3. 调整云台和镜头，使镜头保持倾斜向下的角度。

4. 右手下推右摇杆，使无人机向后飞行，从而使拍摄的景物逐渐呈现出来。

十七、由近及远与由远及近

由近及远是指以目标为构图中心，使无人机由近处向远处、高处飞行的一种拍摄技巧，可以突出气势。由远及近与由近及远的拍摄技巧相同，只是飞行的方向不一样。此操作难度较大，需要操作者熟练掌握飞行技术。具体操作步骤如下。

1. 左手上推左摇杆，使无人机上升至拍摄高度。

2. 调整云台和镜头，使镜头方向与飞行方向一致，对准远处的目标。

3. 右手向上推动右摇杆，左手下推左摇杆，使无人机向前对着目标前进，拍摄的景物逐渐呈现出来，完成由远及近拍摄。

4. 操控无人机对准目标，左手缓慢上推左摇杆，右手下推右摇杆，完成由近及远拍摄。

十八、盘旋拉升

盘旋拉升是指针对静态目标，抓住目标特点，飞行中拍摄局部特写，以点带面地操控拍摄技巧，如图 32–7 所示。具体操作步骤如下。

1. 左手上推左摇杆，使无人机上升至拍摄高度。

2. 右手向上推动右摇杆，使无人机向前飞行至目标前方悬停。

3. 调整云台和镜头，使镜头对准目标。

4. 右手向右（或左）前方推右摇杆，同时左手向右（或左）前方推左摇杆，使无人机边环绕目标飞行边爬升高度，对目标进行拍摄。

图 32–7　盘旋拉升

任务三十三　航摄技巧

航摄技巧是指在无人机飞行过程中操控摄像机镜头拍摄的技巧。常用的航摄技巧如下。

一、一直向前飞行拍摄

一直向前飞行拍摄是指操控无人机和镜头保持一个姿势往前飞行，如图 33-1 所示。

图 33-1　一直向前飞行拍摄

一直向前飞行拍摄的航线是最简单的飞行航线，也是最安全的飞行航线，因为镜头朝前，飞行时可以观察到无人机前方的飞行环境是否安全，遇到障碍物时也可以及时避险。一直向前飞行拍摄适用于地面有大范围美景或者大范围场景活动的拍摄。拍摄时，保持左摇杆位置不变，只需将右摇杆缓慢向上推，无人机即可一直向前飞行，展示航拍的大环境。

二、俯首向前飞行拍摄

俯首向前飞行拍摄是指将操控无人机上升至拍摄高度后，调整摄像机镜头的角度，使其以斜角俯视的方式进行拍摄，然后一直向前飞行，如图 33-2 所示。俯首向前飞行拍摄一般紧贴前景飞行，飞行过程中不断有新的前景出现，可增强观众的视觉冲击力。具体操作步骤如下。

1. 调整云台和摄像机，使镜头保持斜向前下方。

2. 向上推左摇杆，使无人机上升至拍摄高度。

3. 向上推右摇杆，无人机向前飞行。

图 33-2　俯首向前飞行拍摄

三、镜头垂直向前的飞行拍摄

镜头垂直向前的飞行拍摄是指将摄像机镜头角度调整到与地面垂直，然后保持直线向前飞行，如图 33-3 所示。这样的航线在拍摄道路时很有镜头感。具体操作步骤如下。

1. 无人机飞至拍摄高度，操控云台和摄像机，使镜头垂直向下，俯拍高楼大厦、河流山川等景物。

2. 缓慢上推右摇杆，使无人机慢慢向前飞行，呈现出俯视向前飞行的镜头，不断掠过高楼大厦、山川河流等。

图 33-3 镜头垂直向前的飞行拍摄

四、一直向前逐渐拉高低头的飞行拍摄

一直向前逐渐拉高低头的飞行拍摄是指操控无人机从被摄对象上方飞过，摄

像机镜头一直面对被摄对象，直到与地面垂直，如图 33-4 所示。具体操作步骤如下。

1. 调整云台和摄像机镜头，使镜头对准目标。

2. 上推左摇杆，使无人机飞行高度不断升高。

3. 上推右摇杆，使无人机向前飞行，达到边升高边前进的目的。

4. 随着无人机向前飞行不断调整云台和摄像机镜头的角度，使镜头对准目标的位置不变。

5. 当飞临目标上空时，使镜头垂直向下，对准目标。

图 33-4　一直向前逐渐拉高低头的飞行拍摄

五、横移飞行拍摄

横移飞行拍摄是指左（或右）推右摇杆使无人机向左（或右）横向飞行，飞行过程中摄像机镜头的姿态和无人机飞行高度保持不变，如图 33-5 所示。

图 33-5 横移飞行拍摄

六、飞行穿越拍摄

飞行穿越拍摄是指从一个场景到另一个场景的穿越，飞行过程中摄像机镜头姿态和角度保持不变。具体操作步骤如下。

1. 上推左摇杆，使无人机上升至拍摄高度，调整机头方向，对准目标。

2. 操控云台和摄像机镜头，使镜头对准目标。

3. 上推右摇杆，使无人机对准目标向前飞行。离目标越近，目标在镜头中越大。飞跃目标上空时，目标突然消失在镜头中，而新的目标又出现在镜头中。

穿越过程中视线会受到一定影响，所以此技巧操作难度比较高，但是拍摄出的作品效果非常好。

例如，穿越山洞拍摄出后面的风景，可以给观众带来巨大的冲击感，穿越飞行速度越快，带来的冲击感越强。穿越飞行一定要稳，速度不要过快，否则拍摄会有一定的风险。对于正常拍摄的作品，后期通过视频剪辑加快视频播放速度，也能带来一定的视觉冲击力。

七、移动目标飞行拍摄

移动目标飞行拍摄是指操控无人机跟随某个移动目标进行飞行拍摄。这种拍摄画面经常出现在很多影视剧中，如跟拍汽车、游船等。

如果无人机的飞行速度达不到目标的移动速度，就可以使用俯仰镜头来跟踪快速移动的目标，操控镜头从垂直拍摄到逐渐抬起，完成由近及远跟随移动目标进行拍摄；如果无人机的飞行速度能达到目标的运动速度，则可以保持镜头的角度，对准目标进行跟随拍摄。

注：跟拍时，要与目标保持一定的距离，防止因操作不当引起坠机；切忌跟拍人物，以免炸机对人身造成伤害。

任务三十四　特殊环境拍摄

一、夜景拍摄

夜景拍摄需要选择适宜的天气、环境等条件，否则拍出来的夜景天空晦暗，会使作品效果大打折扣。夜景拍摄要点如下。

1. 选择无风或弱风天气拍摄，既能保障飞行安全，又能获得较高的拍摄清晰度。在无风或弱风天气下，使用夜景低感光度，开大光圈，曝光时间比较长，可拍得清晰度很高的夜景照片。拍摄时相机一定要稳，不能有晃动，否则易导致拍摄失败。

2. 拍夜景不能用自动曝光拍摄，而要手动控制曝光，ISO 在 400 以下，否则 ISO 过高，噪点过大。拍摄时须选用 RAW 格式。

3. 选择晴朗的天气进行拍摄，拍摄的夜景会更加清晰。

4. 航拍夜景大多在灯火通明的市区，市区一般高楼林立，飞行环境较复杂。要保障夜晚航拍的安全性，白天应提前勘景、踩点，确保飞行路线上没有障碍。要特别留意空中电线情况，如有电线，不可飞行。图 34–1 为拍摄的高清城市夜景。

图 34-1　高清城市夜景航拍作品

5. 应选择在比较空旷人少的地方起飞，尽量远离人群。起飞前一定要校准指南针，以保障飞行安全。

6. 设置好返航点和自动返航，确保在信号失联的情况下无人机能够安全返航。返航高度一定要高于飞行环境中建筑物、树木等的高度，避免无人机返航时撞到建筑物、树木等。

7. 飞行前要检查 GPS 信号，GPS 信号在四星以上时才可以飞行，飞行过程中也要时刻注意，当出现信号变差时要及时返航，结束拍摄。

二、雪景拍摄

1. 前景选择

利用挂满冰凌或铺着厚厚积雪的青松树枝、点缀着花花绿绿的广告标牌的灯杆、建筑物等作为拍摄的前景，可以增加空间深度，提高雪景的表现力，使整个画面内涵更加丰富，避免观看者产生厌倦的情绪。图 34–2 所示为航拍雪景作品。

图 34–2　航拍雪景作品

2. 增大曝光量

在雪景中，强烈的反射光往往会使测光结果相差 1 ~ 2 级曝光量。因此，拍摄白茫茫的雪景时要把曝光量增加 1 ~ 2 挡。

3. 调整白平衡

拍摄不同景别的雪景时，要随时调整相机的白平衡。只有相机的白平衡设置准确，色彩才能被正确还原。虽然雪景都是白茫茫的一片，但是随着时间、周围景物等的变化，白雪也能表现为不同的白色。

在雪地里，受周围特殊环境的影响相机的自动白平衡功能往往不准确，此时可以手动调整。

4. 雪景拍摄注意事项

（1）在寒冷的地方，无人机被从室内拿到室外后，其镜头上会出现一层薄薄的雾气甚至水珠，这时把无人机放回箱子里，让它慢慢适应外界温度后再拿出来，即可消除镜头上的雾气。

（2）飞行前，务必保证电池处于满电状态，并将电池充分预热至 25 ℃以上，以降低电池内阻。可使用电池预热器对电池进行预热。

（3）无人机起飞后悬停 1 min 左右，让电池利用内部发热使自身充分预热，降低电池内阻。

（4）可对无人机电池采取保温措施，如贴电池海绵垫，给机身散热格栅贴胶条阻隔空气流通等。

（5）提高报警电压。低温环境下，电池电压下降会非常快。把报警电压值设定得高一些，可以提高飞行安全余度。

（6）下雪时天气比较冷，要避免在低温下长时间飞行和拍摄，以防止螺旋桨或机身结冰，破坏平衡和增大阻力，以及机器老化等。

（7）拍摄时离雪要有一定距离，防止桨叶高速转动引起雪花飞溅，影响拍摄。

三、延时拍摄

延时拍摄利用了间隔拍摄功能，将长时间的影像压缩在很短的时间里。

1. 延时方法

（1）固定机位。确认取景后进行构图，把无人机悬停稳，动静结合，适用于拍摄固定画面。

（2）移动延时。适用于对非固定画面进行拍摄，能充分表现静谧感，时光流逝，运动顺滑。

（3）日夜交替延时。讲究的是机位好，光线梦幻，衔接自然。

2. 延时拍摄流程

（1）确定拍摄地点和时间。

（2）确定定时拍摄间隔时间。如拍摄车流、海浪等变化速度很快的景象，要表现连续性，间隔时间不能太长，以 2 ~ 3 s 为宜，航拍海浪作品如图 34-3 所示；如拍摄日出等变化比较缓慢的景象，以 5 s、7 s、10 s 为宜，航拍日出作品如图 34-4 所示；如拍摄晴朗天空的云涌等变化非常缓慢的景象，以 15 s、20 s、30 s 为宜。

图 34-3　航拍海浪作品

图 34-4　航拍日出作品

（3）计算拍摄时长。以 10 s 延时视频为例，1 s 是 25 帧，也就是说 1 s 视频需要 25 张图片，那么 10 s 视频则需要 250 张图片。如果设定拍摄间隔时间为 5 s，则拍摄时长为 1 250 s，约 21 min。而 21 min 几乎是消费级无人机的电池极限，所以，拍摄前要计算好拍摄时长。

这里需要注意的是，夜晚拍摄需要长时间曝光，曝光时长不能超过拍摄间隔时间。有风时无人机悬停与无风时相比，拍摄照片角度会有微小差别。

（4）将相机调到 M 挡（手动挡）。ISO 100，ISO 越低越不容易出现噪点。快门速度根据环境进行调节，下午光线比较充足时，可设置的快门速度为 500。参考 EV 值设置曝光量，晚上设置曝光量时，可以适当调高 ISO，以缩短快门时间，避免与定时拍摄间隔时间冲突。航拍山水作品如图 34-5 所示。

图 34-5　航拍山水作品

思考与练习

1. 航拍前要做哪些准备？

2. 航拍构图与地面拍摄构图有哪些不同？

3. 常用航拍技巧有哪些？

4. 拍摄雪景需要注意哪些事项？

项目六

航拍图像的后期处理

学习目标

通过学习掌握视频图像处理软件 Adobe Premiere Pro CC 的使用方法，视频图像处理的一般流程和编码格式；掌握蒙太奇和镜头组接技巧；掌握快速颜色校正、亮度校正、RGB 颜色校正和三向颜色校正等后期调色与特效处理技巧。

任务三十五　视频图像处理软件

这里主要介绍 Adobe Premiere Pro CC 视频图像处理软件的基本操作方法。

一、Adobe Premiere Pro CC 界面

Adobe Premiere Pro CC 界面中包括项目面板、节目面板、时间轴面板和音频计量器面板，如图 35-1 所示。

图 35-1　Adobe Premiere Pro CC 工作界面

1. 项目面板

项目面板主要分为三个部分，分别为素材属性区、素材列表和工具按钮，其主要作用是管理当前编辑项目内的各种素材资源，用户可在素材属性区内查看素材属性并快速预览部分素材的内容。

2. 节目面板

节目面板用于用户在编辑视频图像时预览操作结果，由监视器窗格、当前时间指示器和影片控制按钮组成。

3. 时间轴面板

时间轴面板是对音、视频素材进行编辑操作的主要场所之一，由视频轨道、音频轨道和工具按钮组成。

4. 音频计量器面板

音频计量器面板用于显示时间轴面板中视频片段播放时的音频波动状态。

二、视频图像处理一般流程

1. 创建与设置项目

Adobe Premiere Pro CC 中，所有视频图像处理任务都以项目的形式呈现，因此创建项目文件是进行视频图像处理的首要工作。

（1）启动程序。点击 Adobe Premiere Pro CC 程序图标，启动程序。

（2）创建新项目。在弹出的欢迎界面中单击“新建项目”选项，即可创建项目，如图 35-2 所示。另外，也可在 Adobe Premiere Pro CC 主界面内新建项目，单击菜单栏中“文件”→“新建”→“项目”即可。

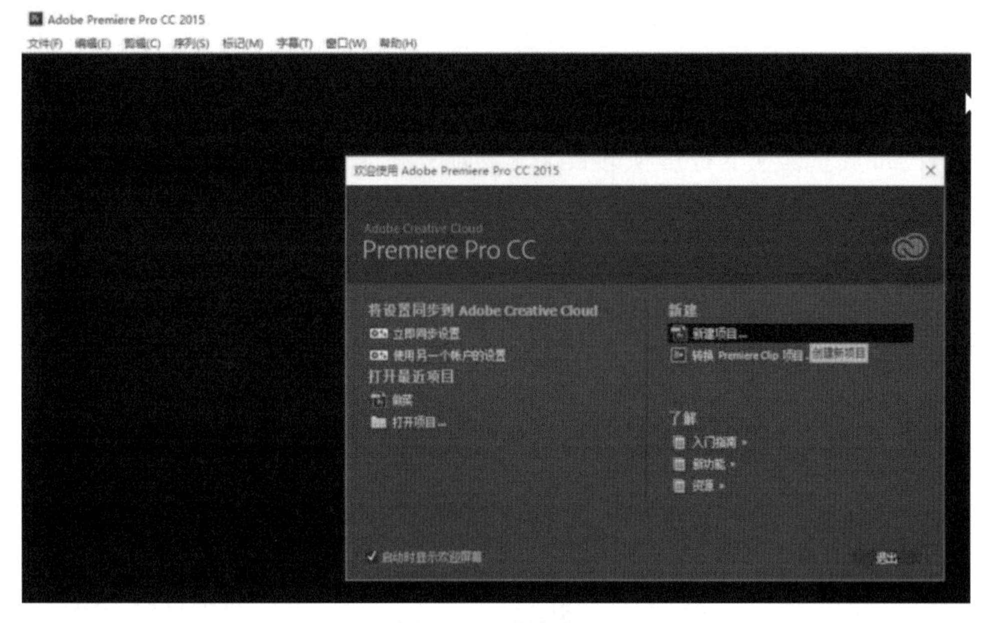

图 35-2　欢迎界面

注：在欢迎界面中单击“退出”按钮，系统将关闭 Adobe Premiere Pro CC 程序。

（3）设置项目。程序启动后，系统会自动弹出“新建项目”对话框，在该对话框中可以对项目的配置信息进行一系列设置，如图 35-3 所示，使其满足用户编辑视频图像的需要。

图 35-3　设置项目

- 在项目“名称”栏可手动更改项目名称。
- 注意项目保存的位置，点击“浏览”按钮可以选择自己想要保存的文件夹。
- “常规”选项卡各选项的含义与功能：在“视频”和“音频”选项组中，“显示格式”选项的作用是设置素材文件在项目内的标尺单位；“捕捉格式”选项的作用是，当需要从摄像机等设备内获取素材时，要求 Adobe Premiere Pro CC 以规定的采集方式获取素材内容。
- “暂存盘”选项卡用于查看并设置采集到的音频和视频素材，以及音频和视频预览文件的保存位置。

2. 创建与预设序列

Adobe Premiere Pro CC 内所有组接在一起的素材以及这些素材所应用的各种滤镜和自定义设置都必须放置在一个被称为“序列”的 Premiere 项目元素内。序列对项目极其重要，只有项目内拥有序列，用户才可进行视频图像编辑操作。在 Adobe Premiere Pro CC 中，序列的创建是单独操作的。

（1）新建序列。新建项目后，进入 Adobe Premiere Pro CC 操作界面，单击“文件”→“新建”→“序列”，如图 35-4 所示，（或使用快捷键“Ctrl+N”），Adobe

Premiere Pro CC 将弹出“新建序列”对话框，如图 35-5 所示。

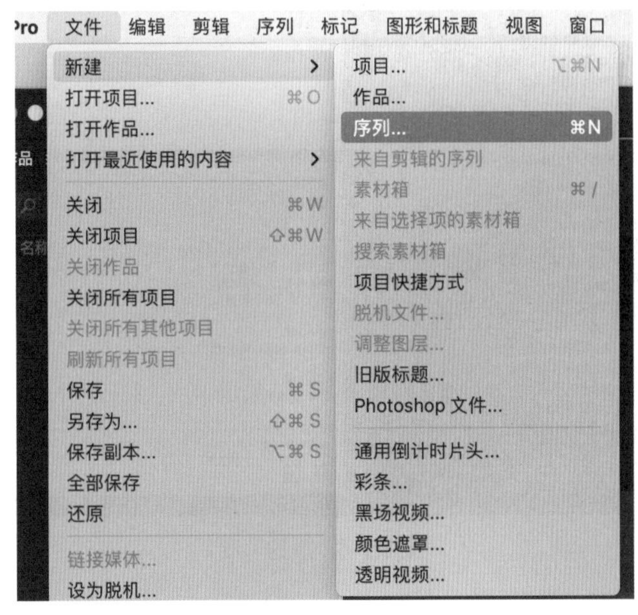

图 35-4　新建序列

图 35-5　“新建序列”对话框

（2）序列预设。在“序列预设”选项卡中，Adobe Premiere Pro CC 分门别类地列出了系统能够提供的序列预设。选中某种序列预设后，在对话框的右侧可以查看该序列预设相关音频和视频的参数信息，如图 35-6 所示。

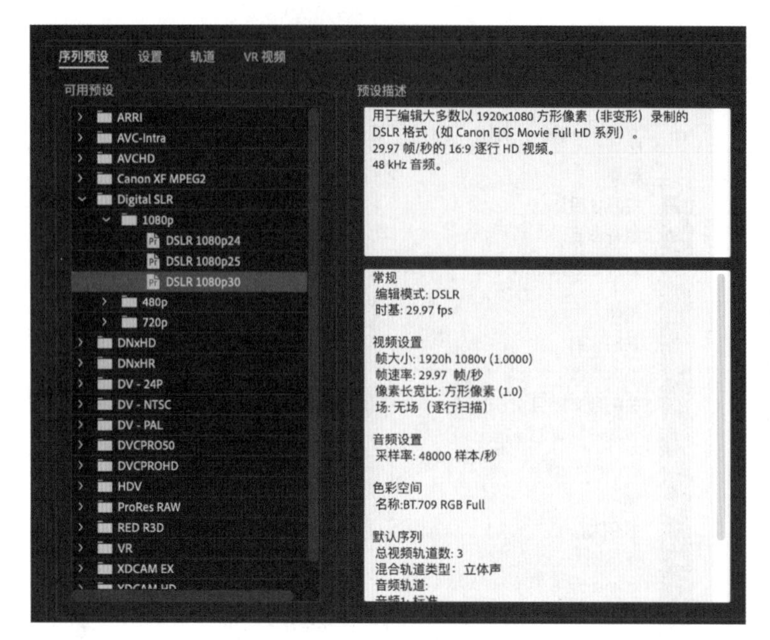

图 35-6　序列预设

注意：在选择序列预设前，须查看需要剪辑处理的视频素材拍摄格式是标清格式还是高清格式，对应的帧大小是“720×576”还是“1 920×1 080”，是“逐行扫描 P”还是“隔行扫描 I”，并选择相对应的序列预设。

（3）在项目内新建序列。在日常的编辑过程中，往往需要多个序列，因此，还可以在项目面板内单击鼠标右键，从弹出的快捷菜单中选择“新建项目”→“序列”命令，从而打开“新建序列”对话框创建新的序列。

3. 导入素材

导入素材是指利用 USB 数据线、读卡器等将需要剪辑处理的数字视频素材拷贝到的计算机硬盘中。这里只讲述数字视频素材的导入与管理方法。

音频和视频素材是剪辑处理形成作品的基础，为此 Adobe Premiere Pro CC 专门调整了自身对不同格式素材文件的兼容性，使其支持的素材类型更为广泛。Adobe Premiere Pro CC 导入素材有利用菜单导入和通过项目面板导入两种方式。

（1）利用菜单导入素材。单击“文件”→“导入”，在弹出的“导入”对话框内选择所要导入的图像、视频或音频素材，然后单击“打开”按钮即可将其导入至当前项目，如图 35–7 所示。

图 35-7　“导入”对话框

将素材导入 Adobe Premiere Pro CC 项目后，素材会显示在项目面板中。双击项目面板中的素材名称，可在节目面板中查看或播放素材，如图 35–8 所示。

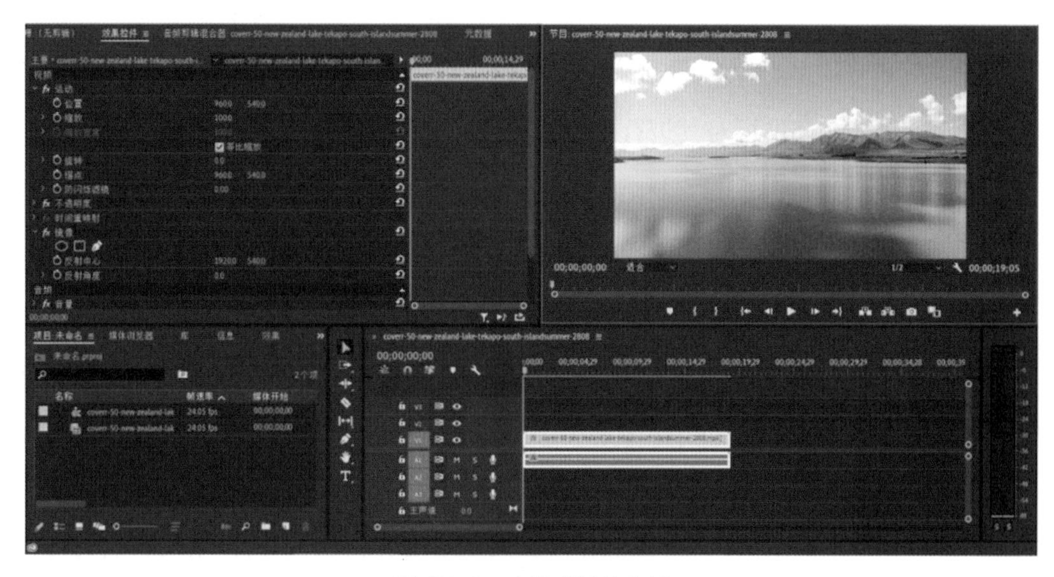

图 35-8　查看或播放素材

（2）通过项目面板导入素材。在项目面板中双击鼠标左键或者单击鼠标右键，在弹出的快捷菜单中选择“导入”命令，如图 35–9 所示，然后在弹出的“导入”对话框中选择导入的素材，单击“打开”按钮即可。

图 35-9　通过项目面板导入素材

注：单击素材名称，可选择该素材；若要更改其名称，则必须双击素材名称，或右击素材名称后从弹出的快捷菜单中选择“重命名”命令，待素材名称为可编辑状态时，输入文字即可对其进行重新编辑。

用户在项目面板内选择素材后，单击“Delete”键可清除该素材。但是，如果用户所要清除的素材已经应用于剪辑的时间线上，Adobe Premiere Pro CC 会弹出警告对话框，提示序列中的相应素材会随着清除操作而丢失。

在导入素材过程中，用户很可能会遇到脱机文件的处理问题。脱机文件是指项目内的素材文件当前不可用，其产生原因多是项目所引用素材文件的位置发生了改变，如已删除或移动等。在打开包含脱机文件的项目时，Adobe Premiere Pro CC 会自动弹出“链接媒体”对话框，要求用户重新定位脱机文件，如果用户能够指出脱机文件新的存储位置，即可解决该问题。

4. 编辑素材

编辑素材是指利用编辑工具对采集的素材进行分割、排序、修剪、复制、添加、移动等操作的处理方法。Adobe Premiere Pro CC 的视频编辑是在时间轴面板中完成的。在时间轴面板中不仅能够进行最基本的视频编辑，如添加、复制、移动以及修剪素材等，还能够重新设置视频的播放速度与时间，以及视频与音频之间的关系。

使用 Adobe Premiere Pro CC 对素材进行编辑的过程如下。

（1）拖动素材到时间轴面板。选中需要剪辑的素材，按住鼠标左键将其拖动到时间轴面板中，如图 35-10 所示。

图 35-10　拖动素材到时间轴面板

如果导入素材的视频格式与序列设置的格式参数不符，系统会弹出“是否更改序列设置”的提示，此时用户需根据作品制作要求选择。选择完成后素材就会被拖放到时间轴上。

（2）移动时间指针线到剪辑点。如图 35-11 所示，拖动时间标尺上的当前时间指示器，将其移至需要裁切的位置，通过画面监视器，判断剪辑内容是否合适。在工具栏内选择“剃刀工具”或使用快捷键“C”，在当前时间指针线位置单击时间轴上的素材，即可将该素材裁切为两部分。

图 35-11　裁切素材

注：Adobe Premiere Pro CC 所提供的一切快捷键操作只在英文输入法下有效。

（3）删除多余素材。使用“选择工具”或快捷键“V”单击多余素材片段，按“Delete”键即可将其删除，如果所裁切的视频素材带有音频部分，则音频部分也会随同视频部分被删除，如图 35-12 所示。

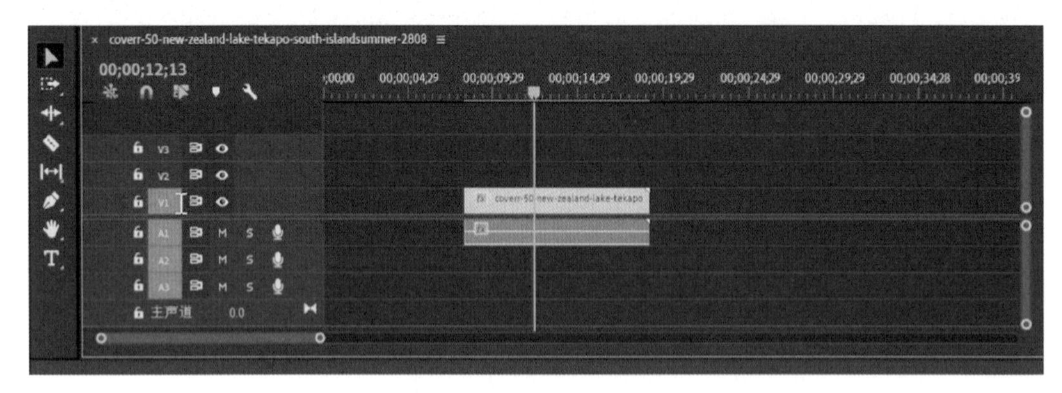

图 35-12　删除多余素材

（4）排列素材。选中剩余的素材，按住鼠标左键不放，将其拖动到与时间轴前端对齐，或者单击鼠标右键，在弹出的快捷菜单中选择“波纹删除”命令，也可使其与时间轴前端对齐，如图 35-13 所示。

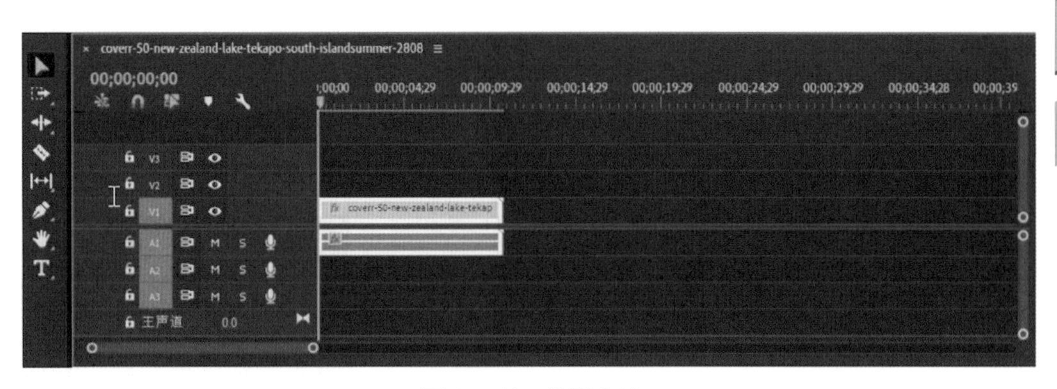

图 35-13　排列素材

（5）删除其他素材片段。例如，选择某航拍素材，删除其降落画面，可将时间指针线移动到视频后段，用“剃刀工具”或快捷键“C”裁切降落画面片段，然后用快捷键“V”选中结尾片段，按“Delete”键删除。如需要关闭声音，先选中音频轨道，然后单击“M”（静音轨道）按钮即可，如图 35-14 所示。

图 35-14　删除声音素材片段

（6）调整素材的播放速度与播放时间。Adobe Premiere Pro CC 中的每种素材都有其特定的播放速度与播放时间，音视频素材的播放速度与播放时间由素材本身决定，而图像素材的播放时间默认为 5 s。根据视频图像编辑的需求，经常需要调整素材的播放速度或播放时间，调整方法如下。

1）调整图像素材的播放时间。将图像素材添加至时间轴面板内，将鼠标指针置于图像素材的末端，当指针变为向右箭头时，按住鼠标左键向右拖动鼠标，即可延长图像素材的播放时间。

2）调整视频素材的播放速度。调整播放速度可以实现在不删减画面内容的前提下调整视频素材的播放时间。如在时间轴面板内右击视频素材，在弹出的快捷菜单中选择“速度 / 持续时间”命令。在弹出的“剪辑速度 / 持续时间”对话框中将“速度”设置为 50%，即可将相应视频素材的播放时间延长一倍，如图 35-15 所示。

图 35-15　调整播放速度

如要精确控制视频素材的播放时间，在“剪辑速度 / 持续时间”对话框内调整“持续时间”即可。

在“剪辑速度 / 持续时间”对话框内启用“倒放速度”复选框后，还可颠倒视频素材的播放顺序。

（7）解除视音频链接，选择合适的音乐。无人机高速飞行过程中所录制的音频信息往往包含巨大的飞行噪声，因此，需要后期对音频进行处理。选中素材，单击鼠标右键，在弹出的快捷菜单中选择“取消链接”命令，即可单独编辑素材的视频和音频。然后选择音频，按“Delete”键即可删除音频信息。

（8）添加音频素材。首先，利用菜单或通过项目面板将音频素材导入项目面板中。选中音频素材，将其拖入音频轨道中，前端与视频前端对齐，结尾处选择“剃刀工具”或者使用快捷键“C”裁切，然后选择“选择工具”或者使用快捷键“V”，删除多余的音频片段，如图 35-16 所示。

框选时间轴面板中的视音频素材，单击鼠标右键，在弹出的快捷菜单中选择“链接”命令，可以将视频与音频素材链接在一起。

（9）添加镜头切换。镜头切换包括两种：一种是硬切，即利用简单的衔接来完成切换；另一种是软切，即由第一个镜头淡出，向第二个镜头淡入切换。如需为航拍素材的片头和片尾添加转场过渡，可选择使用“视频过渡”“溶解”“渐隐为黑色”，选中过渡效果后将其拖动到时间轴视频的前端和尾端即可，如图 35-17 所示。

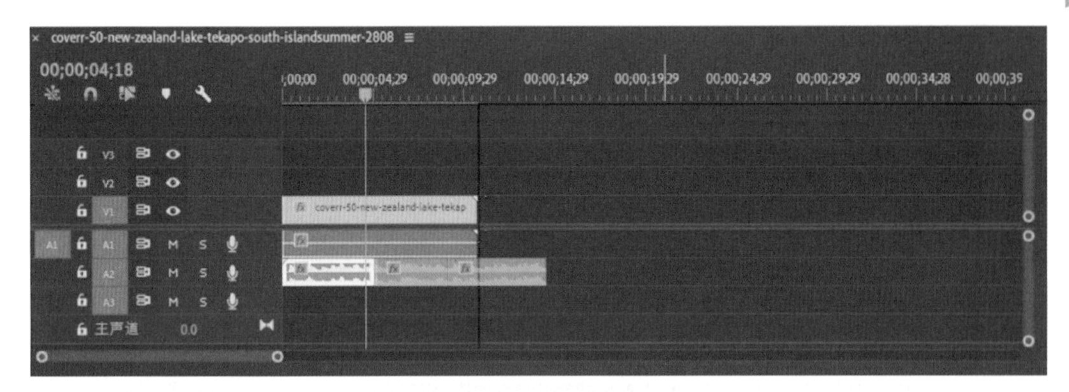

图 35-16　音频编辑

图 35-17　片头、片尾添加转场过渡

注：“渐隐为黑色”转场是影视领域应用较多的转场过渡效果，主要应用在段落转场、故事的开端或结尾。

5. 导出视频成品

导出视频成品是指将编辑完成的视频按照既定的格式导出。在 Adobe Premiere Pro CC 主界面内选择“文件”→“导出”→“媒体”命令（快捷键“Ctrl+M”），即可弹出“导出设置”对话框。在该对话框中，用户可以对视频文件的最终尺寸、文件格式和编辑方式等进行设置，如图 35-18 所示。

图 35-18 “导出设置”对话框

“导出设置”对话框的左半部分为视频预览区域，右半部分为参数设置区域。在视频预览区域中，分别选择“源”和“输出”选项卡可查看项目最终编辑画面和输出为视频文件后的画面。

完成对导出视频持续时间和画面范围等的设定后，在“导出设置”对话框的右半部分，“格式”选项可用于确定导出视频的文件类型，选择输出格式“H.264”，根据实际需要在下方的“预设”选项中选择具体格式，默认为“匹配源—高比特率”。

选择并单击“导出”按钮，可将视频以指定格式输出到指定位置。

三、编码格式

Adobe Premiere Pro CC 后期处理的编码格式有 MPEG、H.264、AVI、MOV、WMV 等。

1. MPEG

MPEG 标准是由 ISO（International Organization for Standardization，国际标准化组织）制定并发布的视频、音频、数据压缩技术，目前有 MPEG-1、MPEG-2、MPEG-4、MPEG-7 及 MPEG-21 等多个版本。MPEG 标准的视频压缩编码技术利用了具有运动补偿的帧间压缩编码技术以减小时间冗余度，利用了 DCT 技术以减小图像空间冗余度，并在数据表示上解决了统计冗余度的问题，极大地增强了视频数据的压缩性能，为存储高清晰度的视频数据奠定了坚实基础。MPEG-4 编码格式是当下流行的视频压缩编码格式，与 MPEG-1 和 MPEG-2 相比，MPEG-4 不再只是一种具体的数据压缩算法，而是一种为满足数字电视、交互式绘图应用、交互式多媒体等多方面内容整合及压缩需求而制定的国际标准。

2. H.264

H.264 是 H.26X 系列标准中的压缩技术，可以解决高清数字视频体积过大的问题。H.264 由 ISO 和 ITU-T（International Telecommunication Union-Telecommunication Standardization Sector，国际电信联盟电信标准部）联合推出，它既是 ITU-T 的 H.264，又是 MPEG-4 的第 10 部分，因此无论是 MPEG-4 AVC、MPEG-4 Part 10，还是 ISO/IEC14496-10（IEC，International Electrotechnical Commission，国际电工委员会），实质上与 H.264 都完全相同。与 H.263 及 MPEG-4 相比，H.264 最大的优势在于拥有很高的数据压缩比率。在同等图像质量条件下，H.264 的压缩比是 MPEG-2 的 2 倍以上，是 MPEG-4 的 1.5 ~ 2 倍。因此，观看 H.264 数字视频可大大节省下载时间和数据流量。

3. AVI

AVI 是微软公司研发的一种视频编码格式，其优点是允许影像的视频部分和音频部分交错在一起同步播放，调用方便，图像质量好；缺点是文件体积过于庞大。

4. MOV

MOV 是苹果公司研发的一种视频编码格式，是 QuickTime 视频软件的配套格式。MOV 刚刚出现时，该格式的视频文件仅能够在苹果公司所生产的 Mac 机上进行播放。此后，苹果公司推出了基于 Windows 操作系统的 QuickTime 软件，MOV 格式也逐渐成为使用较为广泛的视频编码格式。

5. WMV

WMV 是一种可在互联网上实时传播的视频文件类型，其主要优点是媒体类型可扩充、可本地或网络回放、媒体类型可伸缩、流的优先级化、多语言支持、扩展性等。

任务三十六　航拍图像编辑技巧

航拍图像编辑技巧主要包括蒙太奇和镜头组接。

一、蒙太奇

在视频编辑领域，蒙太奇专指对镜头画面、声音等诸元素编排、组合的方法，即将用摄影机拍摄下来的镜头，按照生活逻辑、推理顺序、作者的观点构思及其美学原则连接起来，是影视语言符号系统中的一种修辞手法，是导演向观众展示影片内容的叙述手法和表现手段。

一部影片通常由 500 ~ 1 000 个镜头组成，每个镜头的画面内容、运动形式以及画面与音响组合的方式，都包含着蒙太奇元素。蒙太奇的作用主要体现在以下几个方面。

1. 概括与集中

通过镜头、场景、段落的分切与组接，对素材进行选择和取舍，突出画面重点，从而强调特征显著且富有表现力的细节。

2. 引导注意

在剪辑处理前，视频素材中的每个独立镜头一般无法向人们表达完整的寓意。通过蒙太奇手法将这些镜头进行组接，能够达到引导观众注意、影响观众情绪与心理、激发观众丰富联想的目的。

3. 创造独特的画面时间

运用蒙太奇的方法组接镜头，可以对影片中的时间和空间进行任意选择、组织、加工和改造，从而形成独特的表述元素——画面时空。而这种画面时空可以使观众沉浸其中，获得不同于现实的感知体验。

4. 形成不同的节奏

通过剪辑对画面情感和气氛进行修饰和补充，形成情节发展的不同节奏，从而使画面表现形式与内容和谐统一。

5. 表达寓意，创造意境

在对镜头进行分切和组接的过程中，蒙太奇可以利用多个镜头间的相互作用产生新的含义，从而产生单个画面或声音所无法表达的寓意和意境。

例如，将少女和鲜花的镜头剪辑在一起，可以表达美人如花的隐喻；将豪门里花天酒地的画面同路边石狮子下蜷缩的乞丐画面剪辑在一起，可以表达对“朱门酒肉臭，路有冻死骨”的揭露与控诉。

二、镜头组接

镜头组接是利用编辑工具将一系列镜头按一定次序组接，形成影视作品的过程。无论是怎样的影视作品，在镜头组接的过程中都要遵循镜头组接的规律性和节奏性。

1. 镜头组接的规律性

镜头组接的规律性是指镜头组接有迹可循、有法可依，主要体现在以下四个方面。

（1）符合生活与思维的逻辑关系。镜头组接必须符合生活与思维的逻辑关系，以便观众理解。

（2）景别的变化要采用循序渐进的方法。一个场景内景别的变化不宜过分剧烈，因此拍摄时应适当变换景别角度，以利于后期的剪辑制作。

（3）镜头组接中的拍摄方向与轴线规律。拍摄时，如果摄像机的位置始终在主体运动轴线的同一侧，那么组接时画面中主体的位置、运动方向都是一致的，合乎人们的观察规律，否则就会出现方向性的混乱，即跳轴。跳轴的画面除特殊需要外是无法组接的。

（4）遵循“静接静、动接动”的原则。如果两个画面中同一主体或不同主体的动作是连贯的，那么剪辑时可以动作接动作，达到顺畅、简洁过渡的目的，简称“动接动”。如果两个画面中主体运动是不连贯的，或者它们中间有停顿，那么组接这两个镜头时，必须在前一个画面主体做完一个完整动作后，接上一个从静止到开始运动的镜头，这就是“静接静”。“静接静”组接时，前一个镜头结尾停止的片刻称为落幅，后一个镜头运动前静止的片刻称为起幅，起幅与落幅时间间隔为 1 ~ 2 s。

固定镜头和运动镜头组接同样需要遵循这个规律。如果一个固定镜头要接一个摇镜头，则摇镜头开始要有起幅；相反，如果一个摇镜头要接一个固定镜头，那么摇镜头结尾要有落幅，否则画面就会给人一种跳动的视觉感。

1）固定镜头的组接。

①一组固定镜头的组接应以寻找画面因素外在的相似性为突破点。画面因素包括环境、主体造型、主体动作、结构、色调影调、景别、视角等许多方面。比如，可以把西湖美景的镜头按照春、夏、秋、冬的顺序组接，也可以把游人观赏、划船、照相、购物等镜头组接在一起。

②画面内静止物体的固定镜头组接，要保证镜头长度一致。长度一致的固定镜头连续组接，会赋予固定画面以动感和跳跃感，能产生明显的节奏效果和韵律感。如果镜头长度不一致，有长有短，那么观众观看时会感到十分杂乱，从而影响镜头的表现力。

③画面内主体运动的固定镜头相互组接，要选择精彩的动作瞬间，并保证运作过程的完整性。比如，要组接一组表现竞技体育的镜头，可以选择百米的起跑、游泳的入水、足球的射门、滑雪的腾空、跳高的跨杆这五个固定镜头组合。因为选择的是精彩的动作瞬间，所以观众会感受到画面很强的节奏感。

④同一机位、同一景别、同一主体的画面是不能组接的。

2）运动镜头的组接。

①主体不同、运动形式不同的镜头组接，应除去镜头相接处的起幅和落幅。主体不同是指若干镜头所拍摄的内容不同，运动形式不同是指推、拉、摇、移、跟等不同的镜头运动方式。

②主体不同，运动形式相同的镜头组接，应根据实际情况决定镜头相接处起幅、落幅的取舍。

主体不同、运动形式相同且运动方向一致的镜头相连，应除去镜头相接处的起幅和落幅。例如，展现优美的校园环境时，一次次地拉出画面可形成一步步展示的效果，使观众从局部看到全部，从细节看到整体。

主体不同、运动形式相同但运动方向不同的镜头相连，应保留相接处的起幅和落幅。例如，镜头 1，游行方队（右摇镜头）；镜头 2，领导观看游行（左摇镜头）。组接时，两镜头衔接处的起幅和落幅都要作短暂停留，让观众有一个适应的过程。若把衔接处的起幅和落幅去掉，形成了“动接动”的效果，观众的头便也会随着镜头晃来晃去，使人感到不舒服。如果主体没有变化，左摇、右摇的镜头是不能组接在一起的，推拉镜头也一样。

3）固定镜头和运动镜头组接。应视情况决定镜头相接处起幅、落幅的取舍。

①前后镜头的主体具有呼应关系时，应采用这种组接。例如，镜头 1，运动员带球前进、射门（跟镜头）；镜头 2，观众欢呼（固定镜头）。这两个镜头相接时，跟镜头不需要保留落幅，直接从运动镜头切换到固定镜头即可。

再如，镜头 1，一个人坐在行进的车窗边远眺（固定镜头）；镜头 2，田野美好风光（移镜头）。这两个镜头组接时，不需要保留移镜头的起幅。

由此可见，表现呼应关系时，相互组接的两个镜头中如运动镜头是跟镜头和移镜头形式，则固定镜头与运动镜头相接处的起幅和落幅往往被去掉；运动镜头是推、拉、摇等形式时，固定镜头与运动镜头相接处的起幅和落幅往往要保留。

②前后镜头的主体不具备呼应关系时，固定镜头与运动镜头相连，镜头相接处的起幅和落幅要保持短暂的停留。

2. 镜头组接的节奏性

镜头组接的节奏性是指镜头组接应与影视作品的题材、样式、风格，以及情节的环境气氛、人物的情绪、情节的起伏跌宕等相一致，是影视作品节奏的总依据。影视作品节奏体现在演员的表演、镜头的转换和运动、音乐的配合、场景的时间空间变化等因素中，而组接节奏是影视作品总节奏的最后一个组成部分，即运用组接手段，严格掌握镜头的尺寸和数量，整理调整镜头顺序，删除多余枝节，使作品最终完成。

处理影视作品的任何一个情节或一组画面，都要从作品表达的内容出发来处理节奏问题。如果在一个宁静祥和的环境里用了快节奏的镜头转换，就会使观众觉得突兀跳跃，难以接受；而在处理一些节奏强烈、激荡人心的场面时，就应该考虑到种种冲击因素，使镜头的变化速率与观众的心理要求一致，以增强观众的激动情绪。

注：受飞行器飞行速度、镜头等因素影响，航拍视频一般以移镜头、空镜头为主，因此在剪辑素材的过程中一定要注意前后镜头速度、景别、方向的相互匹配。

任务三十七　后期调色和特效

航拍前应当正确设定航拍器材的影像参数，尤其要在起飞前校正色彩等信息。航拍视频常受到天气情况影响，出现亮度不够、饱和度低、偏色等问题，这样的视频需要后期通过快速颜色校正、亮度校正、RGB 颜色校正、三向颜色校正等进行调色和特效处理。

图 37-1　效果控件

一、快速颜色校正

1. 参数设置

新建项目，新建序列，导入素材，将素材拖动到时间轴面板中，打开效果控件，在“视频特效”中选择“快速颜色校正器”，将其拖动到 V1 轨道上，然后进行参数设置，如图 37-1 所示，改变参数前后的效果如图 37-2 所示。

图 37-2　改变参数前后的效果对比

2. 色调设置

“自动黑色阶”“自动对比度”与“自动白色阶”按钮分别用于改变素材的黑、白、灰程度，也就是素材的暗调、中间调和亮调。

3. 色阶设置

颜色的改变可以通过设置“黑色阶”“灰色阶”和“白色阶”选项来实现。

“输入色阶”与“输出色阶”选项分别用于设置视频图像的输入和输出范围，可以拖动滑块改变输入和输出的范围，也可以通过调整该选项渐变条下方的选项参数值来设置输入和输出的范围。

二、亮度校正

亮度校正器是通过效果控件对视频画面的亮度值进行调整的工具。亮度校正效果是针对视频画面的明暗关系调整的，将该效果拖动到时间轴面板中的素材上，调整“效果”选项即可，部分参数与快速颜色校正器参数效果相同，拖动亮度调整滑块（中间调、阴影、高光）可以调整素材亮度，如图 37–3 所示。高亮（亮度）与对比度参数设置如图 37–4 所示。

图 37-3　亮度校正

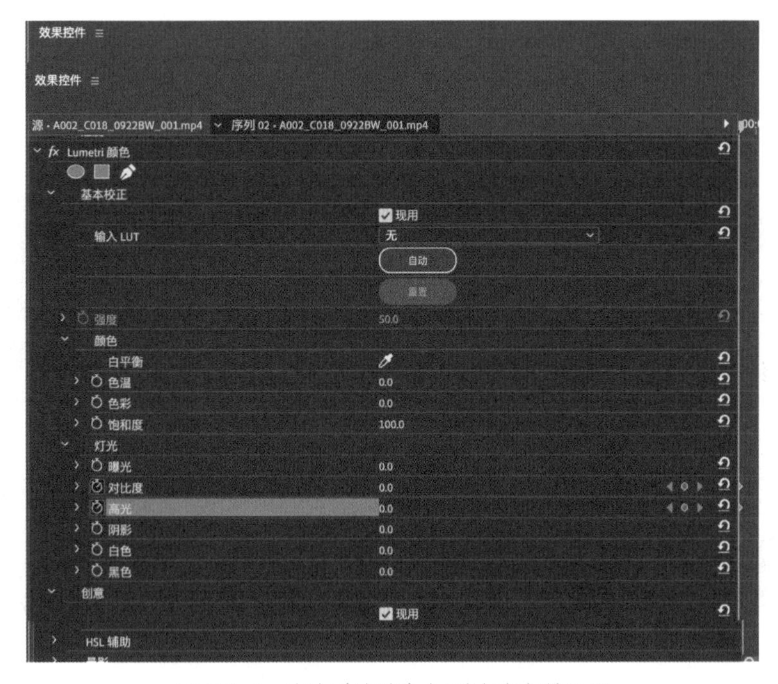

图 37-4　高亮（亮度）与对比度参数设置

三、RGB 颜色校正

在 RGB 颜色校正器中，通过调整红、绿、蓝颜色曲线，可改变整体视频影像的色彩信息。图 37-5 所示为 RGB 曲线与 Lumetri 范围的色彩信息。

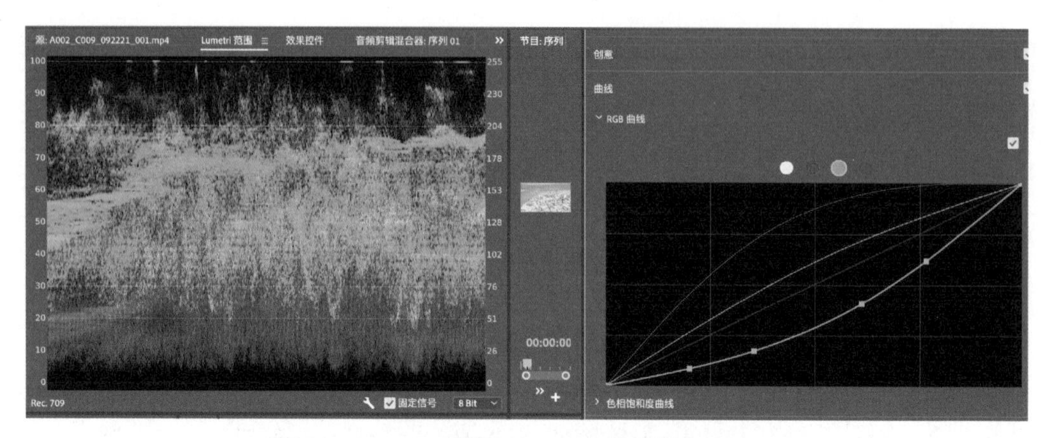

图 37-5　RGB 曲线与 Lumetri 范围的色彩信息

四、三向颜色校正

在三向颜色校正器中通过黑、白、灰三个调色盘可分别调节不同色相的平衡和角度，如图 37-6 所示。

图 37-6　三向颜色校正

思考与练习

1. 当前主流的视频图像处理软件都有哪些？

2. 简述蒙太奇的含义。

3. 镜头组接的一般规律是怎样的？